图说
经典
百科

图说科技发明

《图说经典百科》编委会 编著

彩色图鉴

南海出版公司

图书在版编目（CIP）数据

图说科技发明 / 《图说经典百科》编委会编著. --
海口 ：南海出版公司，2015.9（2022.3重印）
ISBN 978-7-5442-7970-3

Ⅰ. ①图… Ⅱ. ①图… Ⅲ. ①科学技术－创造发明－
青少年读物 Ⅳ. ①N19-49

中国版本图书馆CIP数据核字（2015）第204897号

TUSHUO KEJI FAMING
图说科技发明

编　　著 《图说经典百科》编委会
责任编辑 张爱国　陈琦
出版发行 南海出版公司　电话：（0898）66568511（出版）
（0898）65350227（发行）
社　　址 海南省海口市海秀中路51号星华大厦五楼　　邮编：570206
电子信箱 nhpublishing@163.com
经　　销 新华书店
印　　刷 北京兴星伟业印刷有限公司
开　　本 787毫米×1092毫米　1/16
印　　张 7
字　　数 70千
版　　次 2015年12月第1版　　2022年3月第2次印刷
书　　号 ISBN 978-7-5442-7970-3
定　　价 36.00元

前言

Preface

人类的文明总是在科学汇集的道路上前进，人类的生活总是在无数的发明中改变。有时候，很多发明的问世都源于一个一闪而过的奇思妙想，一次不经意的偶然失误，一次特立独行的大胆尝试……由此走进智慧之门，进入发明创造的趣味王国，使发明带来了“种豆得瓜”的科学效应。新技术的大量使用，使世界科学体系得到逐步完善，科学领域逐步扩大，更重要的是实事求是、追求真理的科学精神得到了发扬。

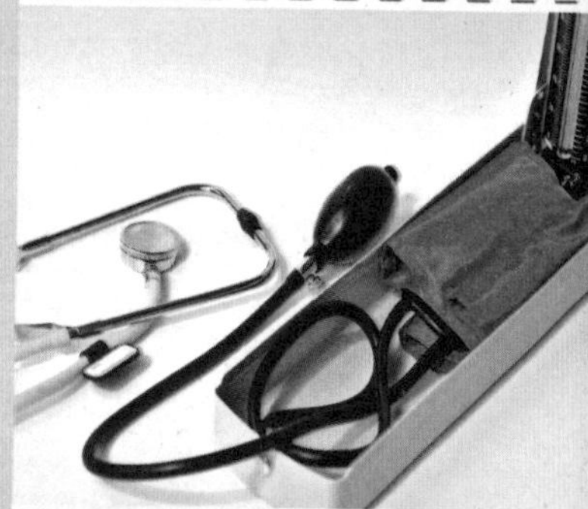

本书精心编选了各方面具有代表性的科技发明，讲述每一项发明的来龙去脉，描述发明者在创造过程中是如何经历无数次的探索与改进，弘扬他们吃苦耐劳与顽强执着的精神，开拓大家的视野，扩充知识，陶冶心灵，不断地提升我们的智慧，激发我们的灵感，培养我们独具特色的创造力。

该书融知识性、趣味性、思想性、通俗性为一体。在此基础上，为了适应青少年朋友的阅读兴趣和阅读习惯，我们特地选配了大量生动活泼的插图，努力为每一位读者营造出一种清新典雅的阅读氛围，并通过扩展阅读来扩大青少年的知识面。

目录 Contents

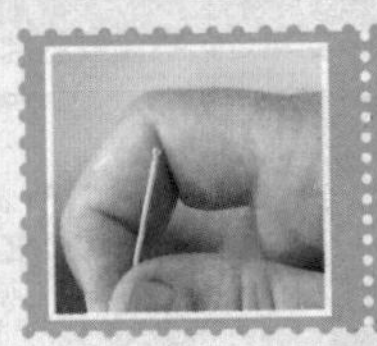

Ch3 体育运动给人以美的享受 47

目录 Contents

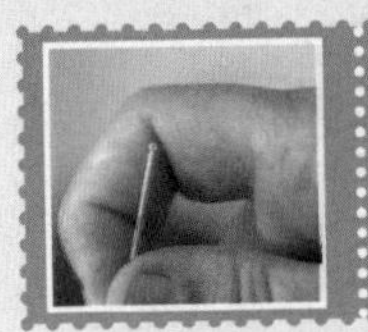

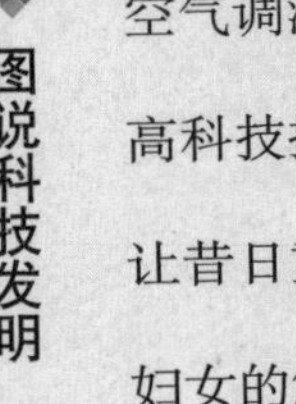

Ch5 91 生命的保护神——生物医药

目录
Contents

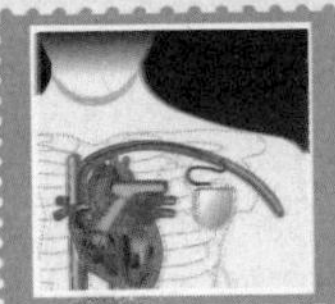

图说经典百科

第一章

改善人们生活的发明

人们的日常生活是科技的最基本体现，从钻木取火，到今天的智能家电，一个一个的发明，推动着科技的进步，让人们的生活越来越美好。

服饰的眼睛

——纽扣的作用

☆起　　源：伊朗
☆问世年代：四千年前
☆发 明 人：波斯人

纽扣是服装结构中不可缺少的一部分，纽扣不仅能把衣服连接起来，使其严密保温，还可使人仪表整齐。别致的纽扣，还会对衣服起点缀作用。因此，它除了实用功能以外，还对服装的造型设计起到画龙点睛的作用。

纽扣是谁发明的？

早在四千年前，伊朗的祖先波斯人，就已经会磨制石头纽扣了，我国在西周时期也出现了纽扣，著名的《周礼》中就有多处记载，西周已经形成了完整的礼仪制度，对服装的要求也已经规范化，而纽扣的使用也在服装的发展中得以应用。

在欧洲，古罗马时代人们就开始使用纽扣了，但是，当时的纽扣实用性不高，纽扣的功能主要是装饰作用，系衣服则用针和夹子。一些贵族为了显示自己的富有，用珍贵的金银、珍珠、宝石、钻石、犀角、羚羊角、象牙等昂贵的材料制作纽扣。法国国王路易十四，就曾经用1万多枚珍贵的纽扣镶嵌了一件袍子，各国的博物馆里也都出现了用珍贵的牛角、羚羊角、象牙、金银等昂贵材料制作的纽扣。直到13世纪，纽扣的实用功能才被人们所重视。那时，人们已懂得在衣服上开扣眼，这种做法大大提高了纽扣的实用价值。16世纪，中国人使用纽扣的方式被传到欧洲，但是仍然只有男性的衣服使用纽扣，女性使用者较少，多数人只是用做装饰。由此可见，早期的纽扣虽然已经体现了使用功能，但是装饰作用要大大高于实用功能。

扩展阅读

中式盘扣的特点

中式盘扣是我国传统服饰的纽扣形式，是用各种布料缝成细条，盘结成各种各样形状的花式纽扣。中式盘扣造型优美，做工精巧，宛如千姿百态的工艺品，可以说是我国服饰百花园中独树一帜的奇葩。中式盘扣除具有与其他纽扣同样的使用价值，较多地用来装饰和美化服装，特别是应用在民族服装上，更加体现出其服装的美感。给人们印象最深的就是“唐装”上的盘扣。

今天虽然产生了子母扣，拉链、尼龙搭扣等衣物连接工具，但是作为集实用性和装饰性于一体的纽扣仍然受到人们的喜爱。不论是时装设计大师，还是普通老百姓，都喜欢有特色纽扣的衣服。

中国纽扣的发展

中国人虽然懂得纽扣的使用，但是早期同样把纽扣当作装饰品，明朝之前的衣服大多采用“结带式”，互相连接，古人称之为“结缨”。明朝人虽然已经懂得使用纽扣，但是也只是在礼服上使用，在常服上仍然不用。直到清代，纽扣才被大量使用。清代衣服上的纽扣，多为铜制的小圆扣，大的有如榛子，小的有如豆粒，民间多用素面，即表面光滑无纹，宫廷中或贵族则多用大颗铜扣或铜鎏金扣、金扣、银扣。纽扣上常常镌刻或镂雕各种纹饰，如盘龙纹、飞凤纹以及一般花纹。纽扣的钉法也不一样，有单排、双排或三排纽。

乾隆以后，纽扣的制作工艺日趋精巧，衣用纽扣也愈加讲究，以各种材质制作的各式纽扣纷纷应市。比如有镀金扣、镀银扣、螺纹扣、烧蓝扣、料扣等等。另外贵重的还有白玉佛手扣、包金珍珠扣、三镶翡翠扣、嵌金玛瑙扣以及珊瑚扣、蜜蜡扣、琥珀扣等等，甚至还有钻石纽扣。纽扣的纹饰也丰富多样，诸如折枝花卉、飞禽走兽、福禄寿禧，甚至十二生肖等等，纽扣的实用性和装饰性一样已经发展到了顶峰。

↓中式纽扣

隐藏的纽扣
——拉链的研究

☆起　　源：美国
☆问世年代：1891年
☆发 明 人：贾德森

拉链是依靠连续排列的链牙，使物品并合或分离的连接件，现大量用于服装、包袋、帐篷等。其中，两条带上会各有一排金属齿或塑料齿组成的扣件，用于连接开口的边缘(如衣服或袋口)，并且，会有一滑动件将两排齿拉入联锁位置使开口封闭；还有一种就是联结于某物(作为被吊起或放落的物体)上以拉紧、稳定或引导该物的链。

拉链的发展简史

拉链的发明雏形，最初来自于人们穿的长筒靴。十九世纪中期，长筒靴很流行，特别适合走泥泞或有马匹排泄物的道路，但缺点就是长筒靴的铁钩式纽扣多达20余个，穿脱极为浪费时间。这个缺点让发明家伤透了脑筋，也耗费了赞助商许多的金钱和耐性。为了免去穿脱长筒靴的麻烦，人们甚至忍受着穿靴整日不脱下来。

直到1891年，一个叫贾德森的美国工程师研制了一个“滑动式锁紧装置”，并获得了专利，这就是拉链最初的雏形。这个装置的出

↓拉链最早被用于长筒靴

现，曾对在高筒靴上使用的纽扣造成冲击。但这一发明并没有很快流行起来，主要原因是这种早期的锁紧装置质量不过关，容易在不恰当的时间和地点松开，使人难堪。

1913年，瑞典人桑巴克改进了这种粗糙的锁紧装置，使其变成了一种可靠的商品。他采用的办法是把金属锁齿附在一个灵活的轴上。这种拉链的工作原理是：每一个齿都是一个小型的钩，能与挨着而相对的另一条带子上的一个小齿下面的孔眼匹配。这种拉链很牢固，只有滑动器滑动使齿张开时才能拉开。

拉链的制造技术随着产品的流传而逐渐在世界各地传开，瑞士、德国等欧洲国家，日本、中国等亚洲国家也先后开始建立拉链生产工厂。

我国拉链的发展

自1980年开始，特别是1995年以后，我国拉链生产以空前的速度发展，一大批新兴的民营拉链企业脱颖而出，规模也在不断扩大。拉链产品不断增加。目前，世界上的三大类拉链，各个品种、各个规格的拉链我国基本上都能生产。1999年我国拉链的产量实现了第一次历史性的飞跃，产量超过了100亿米，成为世界上最大的拉链生产国。

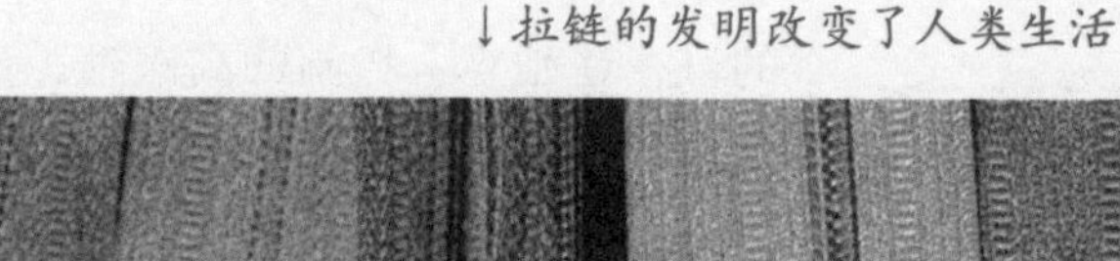

↓拉链的发明改变了人类生活

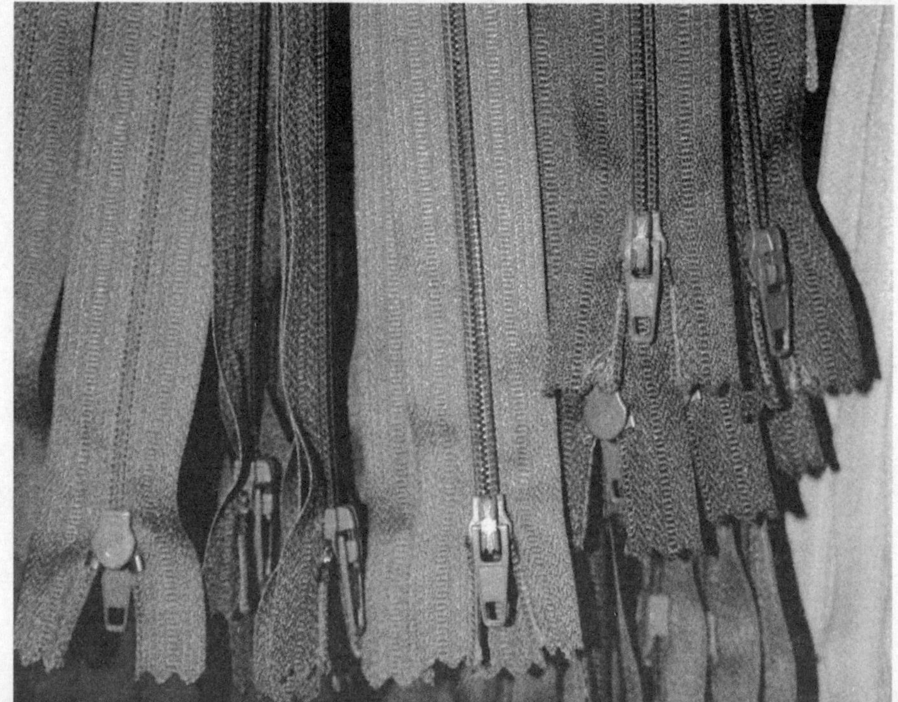

增高的时尚
——高跟鞋的历史

☆起　源：法国
☆问世年代：公元16世纪

提到法国，人们总是津津乐道：阳光下蔚蓝无垠的地中海，卢瓦尔河谷美轮美奂的城堡，巴黎街头情调浪漫的小酒馆。法国人以其浪漫著称，因而成为高跟鞋的发源地。

高跟鞋的传说

关于高跟鞋，有个广为流传的故事，据说，它的发明者是一个名叫德库勒的威尼斯商人，此人不但多疑，而且心胸狭窄。他长年在外经商，因此担心自己不在家的时候，漂亮的妻子会到外面闲逛，招蜂引蝶。有一次，德库勒又要出远门做生意去了，可他却顾虑重重，因为他既不愿意守着妻子而放弃金钱，又害怕妻子让自己蒙羞。他绞尽脑汁，却始终想不出一个两全其美的办法来。

巴黎又下起了细雨，德库勒坐在窗前苦苦思索着，他的心情就好像天空布满的阴霾。这时候，他看见门前的小路上一位行人正小心翼翼地走过，尽管非常小心，那个人仍然狠狠地摔了一跤。他的鞋跟上沾了不少泥，一步一滑，好像随时要滑倒一样。德库勒眼睛一亮，有了办法。他想，我给妻子设计一双难走的鞋，她就无法到处乱走了。他回到屋子里立刻毁掉了妻子所有的鞋，让她穿上特制的高跟鞋，然后放心地出门去了。谁知他的妻子穿上高跟鞋后觉得很好玩，出去东游西逛，反而出尽了风头。姑娘们看到这双非常奇特的鞋，竞相效仿，不久高跟鞋就风行起来。

高跟鞋是否是德库勒发明，并无历史依据。有人认为是法国国王路易十四的一名宫廷设计师发明了高跟鞋。法国国王路易十四身材矮小，他为了在臣民面前显示自己的高贵气度，命令设计师为自己制造了四英寸高的高跟鞋，并把鞋跟

染成红色。此后贵族们不论男女，纷纷效仿，最后高跟鞋传遍欧洲大陆，得到了上层贵族的喜爱。

受到千万女人的青睐

在17世纪的欧洲，高跟鞋并不完全属于女性，大街上随处都可看到穿高跟鞋的男性贵族，不过当时的高跟鞋并不同于现代的高跟鞋。这是因为当时技术的限制，所有人穿的高跟鞋都是一个模式：3英寸高的鞋跟，鞋身相当细长，鞋跟与鞋底连成一体。这个时候，由于材料的限制，人们无法克服鞋跟易折断的问题，所以只能加宽鞋跟的顶部以充分连接鞋底。尽管如此，它仍然让热爱时髦的女性们疯狂不已。因为高跟鞋不但能增加高度，还能使女性挺拔的身段更加优美。它使女性行走时步幅减小，身体重心后移，腿部相应挺直，并造成臀部收缩、胸部前挺的姿态，这样在行走的时候就显得袅娜多姿，风情万种。

历史上风行最久的高跟鞋是一种叫作“玛丽·简”的鞋子，它在19世纪风行达50年之久。而生产出各色高跟鞋的年代是20世纪20年代。设计师尝试把高跟鞋和凉鞋结合在一起，设计出了优雅动人的晚宴高跟鞋。之后，评论家们对裸露脚趾和脚跟的高跟鞋大加批判，认为这种鞋子很不雅观，这种观点不但没有使高跟鞋遭到女性的唾弃，反而很快就风靡起来。

高跟鞋发展最重要的年份是20世纪50年代，运用钢钉技术，设计出来的高跟鞋看起来尖细又性感，好莱坞的大牌明星们纷纷穿着它亮相，在这种潮流的引导下，各种材料、质地的高跟鞋在设计师的手上诞生了。

今天，高跟鞋的意义不仅在于审美，更重要的是它增加了女性的自信，让女性获得了心理满足。

↓高跟鞋雕塑

绅士的重新塑造

——西装的魅力

☆起　　源：法国

☆问世年代：17世纪后半叶的路易十四时代

☆发明人：菲利普

西装诞生后，人们开始使用“西装革履”来形容文质彬彬的绅士俊男。它的外观挺括、线条流畅、穿着舒适。若配上领带或领结后，则更显得高雅典朴。古人说“人靠衣装马靠鞍”，这句话还真的是有几分道理。

西装发明的传说

有一年秋天，天高气爽，这天，年轻的子爵菲利普和好友们结伴而行，踏上了秋游的路途。他们从巴黎出发，沿塞纳河逆流而上，再在卢瓦尔河里顺流而下，品尝了南特葡萄酒后来到了奎纳泽尔。想不到的是，这里竟成为西装的发祥地。奎纳泽尔是座海滨城市，这里居住着大批出海捕鱼的渔民。由于风光秀丽，这里还吸引了大批王公贵族前来度假，旅游业特别兴旺。菲利普一行也乐于此道，来奎纳泽尔不久，他们便请渔夫驾船出港，到海上钓鱼取乐。当鱼一旦上钩，就需要将钓竿往后一拉，而这里的鱼都挺大，菲利普感到自己穿紧领、多扣的贵族服装很不方便，有时拉力过猛，甚至把扣子也挣脱了。可他发现渔民却行动自如，于是，他仔细观察渔民穿的衣服，发现他们的衣服是敞领、少扣的。这种样式的衣服，在进行海上捕鱼作业时十分便利。菲利普虽然是个花花公子，但对于穿着打扮，倒有些才能。他从渔夫服得到了启发，回到巴黎后，马上找来裁缝共同研究，力图设计出一种既方便生活而又美观的服装来。不久，一种时新的服装问世了。它与渔夫的服装相似，敞领、少扣，但又比渔夫的衣服挺括，既便于用力，又能保持传统服装的庄重。新服装很快传遍了巴黎和整个法国，以后又流行到整个西方世界。它的样式与现代的西装基本上相似。

西装在中国的流行

19世纪40年代前后，西装传入中国，来中国的外籍人和出国经商、留学的中国人多穿西装。1912年，民国政府将西装列为礼服之一。1919年后，西装作为新文化的象征冲击传统的长袍马褂，中国西装业得以发展，逐渐形成一大批以浙江奉化人为主体的“奉帮”裁缝专门制作西装。20世纪30年代后，中国西装加工工艺在世界上享有盛誉，上海、哈尔滨等城市出现一些专做高级西装和礼服的西服店，如上海的培罗蒙、亨生等西服店，都以其精湛工艺闻名国内外。1936年，留学日本归来的顾天云创办了西装裁剪培训班，培育了一批制作西装的专业人才，为传播西装制作技术起了一定的推动作用。新中国成立以后，占服饰主导地位的一直是中山装。改革开放以后，随着思想的解放，经济的腾飞，以西装为代表的西方服饰以不可阻挡的国际化趋势又一次涌进中国。于是，一股“西装热”席卷中华大地，中国人对西装表现出比西方人更高的热情，穿西装打领带渐渐成为一种时尚。

↓西装的魅力

节约能源的高手
——压力锅的发明

☆起　　源：法国
☆问世年代：1679年
☆发 明 人：丹尼斯·派朋

压力锅是千千万万个家庭的厨房中必不可少的炊具之一，但谁也不曾想到它却是一位年轻的法国人——丹尼斯·派朋几百年前的一项“不务正业”的发明。

为什么压力锅的发明是“不务正业”的

17世纪末叶，瓦特高效率蒸汽机还没有问世之时，已经有很多人在研究制造蒸汽发动机了，派朋便是其中的一员。那时派朋正在伦敦，他在对蒸汽发动机研究的过程中，突然对蒸汽锅炉产生了浓厚的兴趣，从而启发了他对厨房用具的联想。最终引发了烹饪用压力锅的发明。

世界上第一个介绍压力锅的说明

派朋发明的压力锅是圆桶状的，上面有一个能扣紧的盖子和一个自动安全阀（这个安全阀也是派朋的发明）。1679年，派朋为皇家学会做了现场表演，用这种锅烹制了一些食品，大家品尝了之后都觉得食物美味可口，有人就建议派朋写一本小册子介绍这种锅的用法和特点。派朋接受了建议，随后便附上了一本小册子。在这本小册子里，他写道：“这种锅能使又老又硬的牛羊肉变得又嫩又软，并能保留菜和肉的香味和营养。”这就是世界上第一个介绍压力锅的说明。

知识链接

到底是铝压力锅好，还是不锈钢压力锅好呢

这就要从不同的方面来看了。因为不锈钢压力锅制作工艺难度大，所以价格也稍贵于铝压力锅。不过就安全性能来说，只要是按照国家标准GB13623–92、GB15066–94生产的高压锅就能保证使用安全。但是，有一点一定要明确，即不论是哪种高压锅，使用期均不得超过8年，超期服役的后果肯定是得不偿失的。

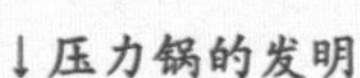

↓压力锅的发明

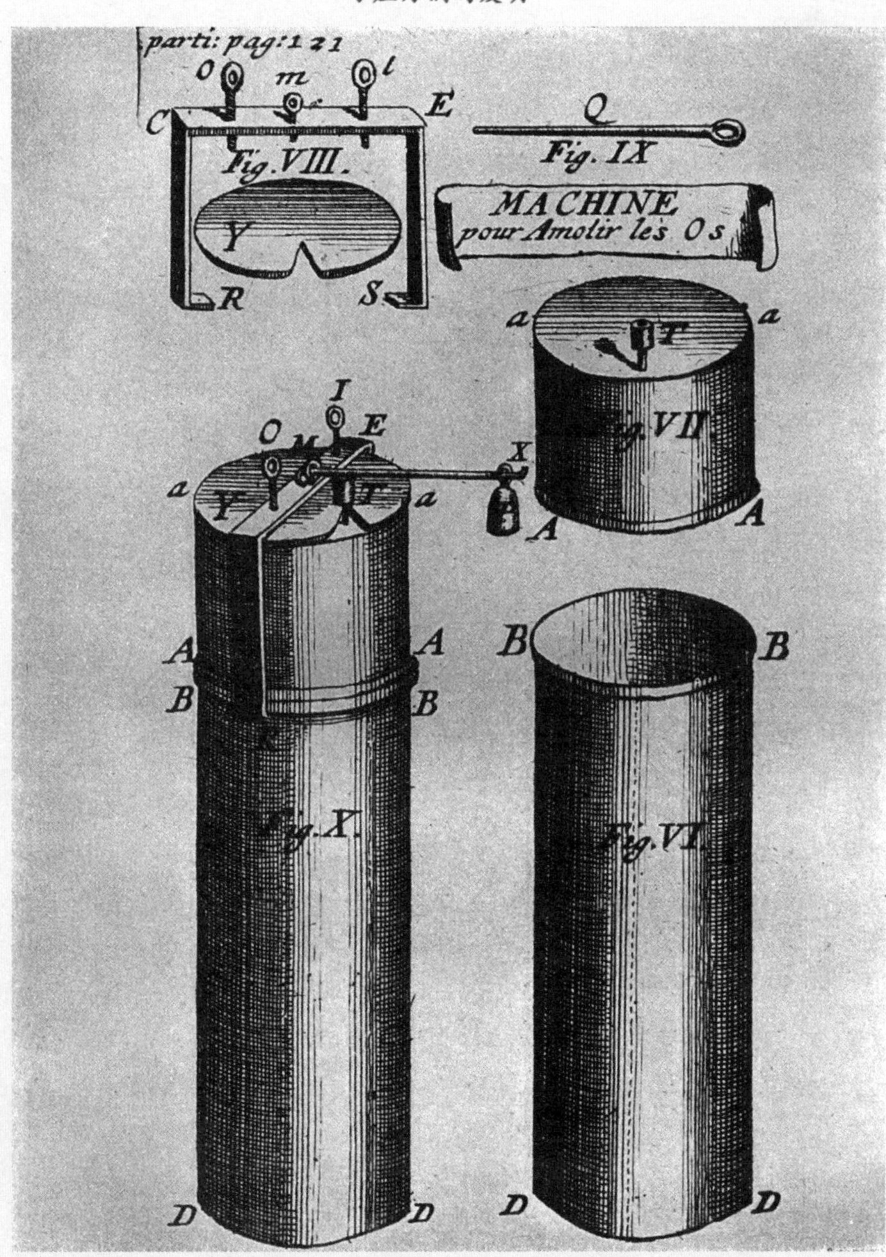

保存温度的小瓶子
——保温瓶的出现

☆起　　源：英国
☆问世年代：1900年
☆发 明 人：詹姆士·杜瓦

保温瓶有内壁和外壁；两壁之间呈真空状。热不能穿过真空进行传递，所以凡是倒入瓶里的液体都能在相当长的一段时间内，保持它原有的温度。保温瓶也称热水瓶，是英格兰科学家杜瓦最先发明的，但起名者却是德国的赖因霍尔德·伯格。

保温瓶的发明过程

1900年，杜瓦第一次在－240℃的低温下，使压缩氢气变成液体——液态氢。这种液态氢得用瓶子盛起来，一般的玻璃，热水注进去，一会儿就冷了；冰块装进去，一会儿就化了。因此，要保存这些极冷的液态氢非得有一个能长时间保持一定温度的容器不可。但是那时候世界上还没有现在这样的保温瓶，他只好让一套制冷设备不断地运转着。为了保存这些液态氢，不得不消耗很大的能量，真是太不经济也太不方便了。于是，杜瓦就着手研制一种能保持温度的瓶子来储存液态氢。但是，普通的玻璃瓶不能保温。那是因为周围环境的温度比热水温度低，却又比冰块的温度高，热水和冰块跟外界空气产生对流，直到瓶里和外界温度相同为止。如果用一个塞子把瓶口堵住，空气对流的通道虽然被堵住了，但瓶子本身又有传热的性质，热传导又导致温度的变化，热量的流失。为此，杜瓦就采用真空的办法，即做成双层瓶子，把隔层中的空气抽掉，切断传导。可是还有一种影响保温的因素，即热的辐射。为了解决双层瓶子的保温作用，杜瓦在真空的隔层里又涂了一层银或反射涂料，把热辐射挡回去，传热的三条通道即对流、传导、辐射都堵住了，瓶内胆则较长时间保持温度。杜瓦就用他制造的这种瓶子来储存液态氢。

保温瓶名字的来历

然而，认识到保温瓶在各种情形中都会有用的德国玻璃制造工人赖因霍尔德·伯格，在1903年获得了取名“保温瓶”的专利，并且制订了把它投入市场的计划，伯格甚至举办了一次给他的保温瓶起个好名字的比赛。他挑选的获胜名字是瑟莫斯（即热水瓶），那是关于热的希腊字。伯格的产品非常成功，很快他就将保温瓶卖往世界各地。

保温瓶与生活

保温瓶与人们的工作、生活关系密切。实验室里用它储存化学药品、牛痘苗、血清等，其他液体也经常用保温瓶来运送。同时现在几乎家家户户都有大大小小的保温瓶、保温杯。野餐、足球赛时人们用它储存食物和饮料。近年来保温瓶的出水口又添加了许多新花样，制出了压力保温瓶、接触式保温瓶等，但保温原理不变。

↓保温瓶的出现极大地改善了人们的生活

储存更多食物
——罐头的妙用

☆起　　源：法国
☆问世年代：1795年
☆发 明 人：尼古拉·阿培尔

罐头食品现在已经走进了千家万户，以其方便、卫生、易储存的优点，成为人们家居生活中的新宠。很多人应该都吃过罐头，但知道罐头是谁发明的人寥寥无几。接下来，就让我们一道去探索罐头食品的起源吧！

罐头是战争的产物

1795年的法国是拿破仑统治时期。拿破仑是一个雄心勃勃的人，他东征西讨，企图用武力征服全世界，并取得了一系列的胜利。但在长期征战中，军队食品的供应问题一直困扰着拿破仑。因为长途跋涉，食品很容易腐坏变质。士兵吃不到新鲜的食物，军队战斗力便大大下降，也就直接影响到战争的胜负。

为了改善军队饮食，提升战斗力，拿破仑不惜以12000法郎作为赏金，悬赏征求食品保鲜方法。消息一经公布，立刻引起所有人的关注，其中有一个人叫尼古拉·阿培尔。阿培尔1750年出生于法国玛恩河畔的夏龙镇，后来成了一名成功的商人，从事蜜饯食品的加工，具有丰富的食品加工知识和经验，而且还精通点心制作和葡萄酒、威士忌酿造技术。长期的工作实践告诉阿培尔，要想使食品在尽可能长的时间内保持新鲜不坏，要着重从两方面下手。首先，要选择合适的食品储藏器，也就是陶瓷罐或玻璃瓶，这两种容器都是阿培尔在食品加工时常用的器具，效果最理想。其次，要保证食品尽量与空气隔绝，因为与空气接触越多，食品越容易发霉变坏。

阿培尔根据这个思路进行了无数次的试验，历经10年研究，终于发现：密封在容器中的食品，只要经过适当加热，便可长期保存而不

坏。他先是将洗净的食品分别装进瓶子里，然后塞上软木塞密封，再放到沸水池中加热30—60分钟，接着再在另一沸水池中作更长时间的加热，这就是密封高压灭菌保鲜食品罐装技术。

食品一旦经过这道程序的加工制作，果真能保存很长时间而不会变坏。阿培尔高兴极了，立刻向政府报告了他的“密封容器储藏食品新技术”。拿破仑一听，非常高兴，下令按照阿培尔所说的工艺制成一些密封玻璃瓶装食品，让海军带到海上去经受酷暑和潮湿的考验。几个月后，一份由海军司令签署的鉴定报告送交到拿破仑手上：保存3个月后，加肉或未加肉的豆角和青菜依然保持鲜度和鲜菜的美味。

从此，前方将士获得了可靠的保鲜食品。1809年，阿培尔终于得到了拿破仑颁发的那笔12000法郎的赏金。他用这笔钱继续进行瓶装罐头的改良研究，还建立了一个罐头食品厂。他的食品保藏方法也很快从法国传到欧洲各国，各种密封高压保鲜食品如雨后春笋般出现，并且成为当今食品市场的潮流。尼古拉·阿培尔揭开了科技史上食品保鲜新的一页，他也因此被世人誉为“罐头之父”。

罐头食品在世界兴起

玻璃罐头问世后不久，英国人彼得·杜兰特制成了马口铁罐头，在英国获得了专利权。19世纪初，罐头技术传到美国，波士顿、纽约等地出现了罐头工厂。1849年，美国人亨利·埃文斯开了一家规模空前的罐头厂。1862年，法国生物学家巴斯德发表论文，阐明食品腐败主要原因是微生物的生长和繁殖。于是，罐头工厂采用蒸汽杀菌技术，使罐头食品达到商业无菌的标准。

罐头在中国

我国罐藏食品的方法早在三千年前就应用于民间。最早的农书《齐民要术》就有这样的记载：“先将家畜肉切成块，加入盐与麦面拌匀，和讫，内瓷中密泥封头。”这虽然和现代罐头有所区别，但道理相同。

来自中国食品工业协会的调查表明，随着居民生活水平的提高，出行、旅游不断增加，食品消费观念和方式正在悄然改变，很多家庭试图从厨房中解放出来，减少油烟污染，减轻家务劳动。罐头食品正以其方便、卫生、易储存的特点，适应了人们的日常需要，日益受到人们的欢迎。

找回自尊的美丽
——假发的魔力

☆起　　源：埃及

☆问世年代：四千多年前

有些人想节省打理头发、转换发型的时间，就会戴假发来转换不同的发型样式，脱发或头发稀疏的人也会用假发令自己的头发看上去较浓密，假发则是现代人找回自尊的用具。

追溯假发历史

古埃及人在四千多年前就开始用假发，也是世界上最早使用假发的民族，在早王朝起开始普及，古王国起第三至第六王朝，常见到男女佩戴以羊毛混合人发制成的假发。假发的长度和样式因社会地位与时代而异。由中王国起不论贫富、地位、性别都把头发与胡子剃光，戴上假发、假胡子，只会在居丧时才任由头发生长，否则会被耻笑。假发从古埃及传到欧洲。古希腊、古罗马人认为秃头的人是受到了上天的惩罚，把秃子视为罪人。头发稀疏或秃顶军官会被一些希腊领地的长官拒绝为他们安排工作。罗马人甚至曾经打算让议会通过“秃子法令”，禁止秃顶男子竞选议员，秃顶的奴隶也只能卖到半价。秃子们为了免受歧视，就戴假发遮住这个瑕疵。

中国人很早就有了佩戴假发

↓假发的魅力

的习惯，起初为上层社会女性的饰物，加于原有的头发上，令其更浓密，并能做出较为复杂的发髻。春秋时，假发盛行；到了汉朝，依据《周礼》制定了发型与发饰；三国时期，妇女也常用假髻；北齐以后，假髻之形式向奇异化的方向发展；直到元朝时，汉族妇女开始使用一种叫鬏髻的假髻。清朝出现的鬏髻样式依然很多，但到民国时期，妇女的发型转趋简便，较少用假发、假髻。

日本传统发型也经常加上假发梳式。假发在日本有悠久的历史，据说日本的原始歌舞中，人们就已经用草与花卉的梗和蔓制作头上的装饰。朝鲜半岛在高丽王朝开始盛行戴假髻，忠烈王下令高丽全国穿蒙古服、留蒙古发髻（编发）。后来朝鲜太祖李成桂建立朝鲜王朝（李氏朝鲜），采“男降女不降”政策，男性恢复汉制，女性则“蒙汉并行”，后来发展成“加髢”样式。至纯祖时有妇女因加髢过重折断颈项至死，宫中才撤销已婚王族妇女及女官必须佩戴加髢的规定。

法官假发存废争议

近年不少国家均有人提出废除法庭服饰使用假发的传统制度。有些人认为假发已经不合时宜，在主张简洁现代化的前提下，法庭服饰应有所变革。但亦有人认为假发需要保留。假发的存废问题多年来争议不绝。据1999年一项民意调查显示，在英格兰和威尔士，三分之二的人对法官的服饰和假发的反应为“不喜欢”“感觉不好”，也觉得法官戴假发给人高高在上的感觉，难以亲近。一些多年来忍受戴假发带来不便的年长法官和律师则支持废除戴假发的规定，他们认为法庭不是旅游景点，保留传统与否无关紧要。然而，也有些法官和律师不希望废除使用假发。他们认为戴上银白色假发可以提高他们的权威，而且取消传统装束会破坏法庭的庄严气氛。有些民众也认为戴假发的传统需要保留，这是因为有些人习惯性把假发与地位、身份乃至正义联系起来。而不少被告人也优先选择可以佩戴假发的大律师为他们辩护，甚至有人认为有否戴假发会影响律师对陪审团的说服能力。

↓假发是一些时尚人士的最爱

反射你的美丽
——神奇的镜子

☆起　　源：埃及

☆问世年代：公元前3000年

大家都知道，玻璃镜子是我们的生活必需品，我们每天能够打扮光鲜出门少不了它的帮忙，那我们就追溯一下镜子的历史吧。

镜子的沿革

古代用黑曜石、金、银、水晶、铜、青铜，经过研磨抛光制成镜子。公元前3000年，埃及已有用于化妆的铜镜。公元1世纪，开始有能照出人全身的大型镜。中世纪盛行与梳子同放在象牙或贵金属小盒中的便携小镜。12世纪末至13世纪初，出现以银片或铁片为背面的玻璃镜。文艺复兴时期威尼斯为制镜中心，所产镜子因质量高而负有盛名。16世纪发明了圆筒法制造板玻璃，同时发明了用汞在玻璃上贴附锡箔的锡汞齐法，金属镜逐渐减少。17世纪下半叶，法国发明用浇注法制平板玻璃，制出了高质量的大玻璃镜。镜子及其边框日益成为室内装饰。18世纪末，制出大穿衣镜并且用于家具上。锡汞齐法虽然对人体有害，但一直延续应用到19世纪。1835年，德国化学家莱比格发明化学镀银法，使玻璃镜的应用更加普及。中国在公元前2000年已有铜镜。但古代多以水照影，称盛水的铜器为鉴。汉代始改称鉴为镜。汉魏时期铜镜逐渐流行，并有全身镜。最初铜镜较薄，圆形带凸缘，背面有饰纹或铭文，背中央有半圆形钮，用以安放镜子，无柄，形成中国镜独特的风格。明代传入玻璃镜。清代乾隆（1736—1795年）以后，玻璃镜逐渐普及。日本及朝鲜最初由中国传入铜镜。日本在明治维新时玻璃镜开始普及。

镜子的光学特性

不论是平面镜还是非平面镜

（凹面镜或凸面镜），光线都会遵守反射定律而被镜面反射，反射光线进入眼中后即可在视网膜中形成视觉。在平面镜上，当一束平行光束碰到镜子，整体会以平行的模式改变前进方向，此时的成像和眼睛所看到的像相同。

镜面对于光线的反射服从反射定律，其反射能力取决于入射光线的角度、镜面的光滑度和所镀金属膜的性质。与镜面垂直的假想线称为法线，入射线与法线的夹角和反射线与法线的夹角相等。平面镜前的物体在镜后成正立的虚像，像与镜面的距离与物体与镜面的距离相等。如果想从镜中看到本人整个身长，由于入射角等于反射角，镜子至少须有本人身长的一半。凹面镜的反射面朝向曲率中心。平行光线入射到凹面镜反射后聚集到焦点，如烹饪器放在大凹面镜焦点位置，可接受太阳光聚集加热，成为太阳灶。如车灯或探照灯中光源放在凹面镜焦点位置可使光反射出平行光。物体在曲率中心以外时可反射成倒立的实像，如反射望远镜。凸面镜的反射面背向曲率中心，物体在镜后成缩小的正立像，可以反射大范围的缩小景观，如汽车后视镜。

↓神奇的镜子

GAMBLING

百科知识

第二章

办公通信工具使问题秒杀解决

人们的各种信息需要记录加工整理，而从当初的甲骨文到现在的数字存储，其中有的是孜孜不倦的探索结果，也有的是聪明者偶然的灵感迸发，他们都给社会带来了划时代意义的变革。人们的交流沟通，从最初的骑马驿站，到现代的无线网络，从需要十几天才能传递一个信息，到秒杀解决问题，通讯的日新月异代表着科技的进步。

可以记录的方法
——铅笔的问世

☆起　　源：古罗马

☆问世年代：2000多年前

铅笔是现在人们生活中不可缺少的一部分，更是学生文具盒里必备的文具之一。尽管有了自动铅笔、可涂改的钢笔及计算机，但普通铅笔仍将与我们长相伴随，人们从全世界铅笔年销售总量已达140亿支这一事实便知端倪。

铅笔的始祖——石墨

1564年，在英格兰的一个叫巴罗代尔的地方，人们发现了一种黑色的矿物——石墨。由于石墨能像铅一样在纸上留下痕迹，而且痕迹比铅的痕迹要黑得多，因此，人们称石墨为“黑铅”。那时巴罗代尔一带的牧羊人常用石墨在羊身上画上记号。受此启发，人们又将石墨块切成小条，用于写字绘画。不久，英王乔治二世索性将巴罗代尔石墨矿收为皇室所有，把它定为皇家的专利品。

铅笔的发展史

铅笔的发展历史非常悠久，它起源于2000多年前的古罗马时期。

↓石墨

那时的铅笔很简陋，只不过是金属套里夹着一根铅棒、甚至是铅块而已。但是从字义上看，它倒是名副其实的“铅笔”。而我们今天使用的铅笔是用石墨和黏土制成的，里面并不含铅。

14世纪时，欧洲出现类似现代的铅笔，荷兰画家曾用以在纸上绘画。意大利人曾使用铅和锡的混合物制成铅棒，用于绘画和书写。1565年，德国人格斯纳的藏书上有用铅笔绘制的图解，并记载有“为了制图和笔记，人们用铅及其他混合物制成笔芯，然后附上木制的把柄，进行画线……”的文字。同年英国开始以石墨为笔芯手工制出最原始的木杆铅笔。1662年在德国纽伦堡市建成世界上第一家铅笔厂——施德楼铅笔厂。

1761年，德国人F.卡斯特在纽伦堡市创建了法泊·卡斯特铅笔厂，采用硫黄、锑等作黏结剂与石墨加热混合制造铅芯，使铅笔制造技术前进了一大步。1790—1793年，法国N.J.康德首次采用水洗石墨的办法，使石墨的纯度提高，并用黏土将石墨黏结制成笔芯，此法被称为康德法。1793年，康德铅笔厂建立，为现代铅笔工业奠定了基础。

↓铅笔

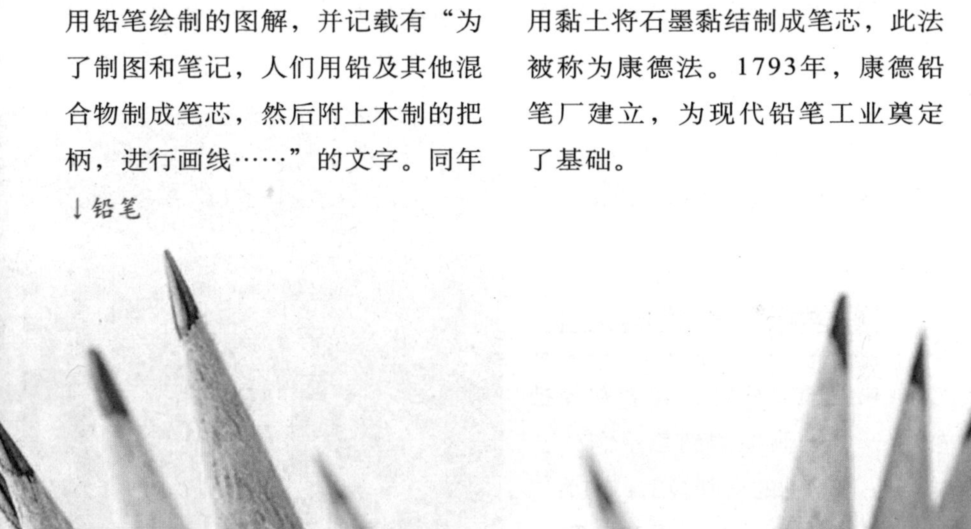

记录文字的薄片
——纸的发明问世

☆起　　源：中国
☆问世年代：西汉
☆改 进 者：蔡伦

纸，是我们司空见惯的东西，它是我国古代四大发明之一，它的——蔡伦，想必大家不会陌生。

“蔡侯纸”在我国诞生

在我国商朝时，人们曾经把文字一笔一画地刻到龟甲和牛、羊、猪等动物的肩胛骨上；随后，人们又用规格一致的木片（又称牍）和竹片（又称简）来书写文章；以后，还出现了以缣帛来书写的办法。

东汉时期，随着经济和文化的发展，竹简、缣帛越来越不适应书写的要求。为了制造一种比较理想的书写材料，蔡伦在前人利用废丝棉造纸的基础上，采用树皮、麻头、破布、废渔网为原料，成功地制造了一种既轻便又经济的纸张，并总结出一套较为完善的造纸方法。公元105年（元兴元年，汉和帝刘肇年间），蔡伦将造成的纸张献给了朝廷。从此，纸张开始得到

推广，并在全国通称蔡伦造的纸为“蔡侯纸”。

造纸术在世界兴起

到了公元8世纪的时候，纸在我国已经得到了广泛的使用，这之后的几个世纪中，我国将纸出口到亚洲各个地方，并严保造纸技术秘密。直到公元751年，唐朝和阿拉伯帝国发生冲突，阿拉伯人俘获几名中国造纸工匠，才使这门技术流传出去，并很快在世界各地兴起。

据史书记载，在蔡伦改进造纸术后的1000多年，欧洲才建立第一个造纸厂。虽然现代的造纸工业已很发达，但其基本原理仍跟蔡伦造纸的方法相同。造高级印刷纸、卷烟纸、宣纸和打字蜡纸等，仍不外乎是蔡伦所用过的破布、树皮、麻头、废渔网等原料。

蔡伦对我国乃至人类社会发展所产生的影响都是巨大的，并且这种影响还将持续下去，直至永远。

↓纸张自发明之后就得到了广泛的应用

光学投影的仪器
——投影仪的诞生

☆起　　源：德国
☆问世年代：公元1640年
☆发 明 人：奇瑟

投影仪又称投影机，目前投影技术日新月异，随着科技的发展，投影行业也发展到了一个至高的境地。主要通过3M LCOS RGB三色投影光机和720P片解码技术，把传统庞大的投影机精巧化、便携化、微小化、娱乐化、实用化，使投影技术更加贴近生活和娱乐。

“皮影戏”是全球最早的光学投影娱乐系统

投影仪的前身其实就是幻灯机，在十几年前，大部分学校还在使用这种设备为学生播放课件。但是大家有没有想过幻灯机的前身是什么呢？其实我国古代的皮影戏和走马灯就是早期的幻灯机，都是利用光与影的技术来为用户展现画面。

《汉书·外戚传上·孝武李夫人》记载，汉武帝最宠爱的妃子李夫人死后，汉武帝伤心欲绝、朝思暮想。道士李少翁，知道汉武帝日夜思念已故的李夫人，便说他能够把夫人请回来与皇上相会。汉武帝十分高兴，遂宣李少翁入宫施法术。

李少翁要了李夫人生前的衣服，准备净室，中间挂着薄纱幕，幕里点着蜡烛，果然，通过灯光的照映，李夫人的影子投在薄纱幕上，只见她侧着身子慢慢地走过来，一下子就在纱幕上消失了，实际上，李少翁表演的是一出皮影戏，并且是最早有关于幻灯技术的记载。

元代时，皮影戏曾传到各个国家，这种源于中国的艺术形式，吸引了许多国外戏迷，人们亲切地称它为“中国影灯”。这也为后来外国人发明幻灯机和投影机奠定了基础。

现代投影仪的发展

在投影史上，1640年是非同寻常的一年。一个名叫奇瑟的耶稣教会教士发明了一种叫魔法灯的幻灯机，运用镜头及镜子反射光线的原理，将一连串的图片反射在墙面上，在当时那是了不起的发明，相当受欢迎，很多人挤破了门槛要看看是怎么回事。

“人怕出名猪怕壮”，在外国也是同样的道理。奇瑟因此被拆台的人指控施妖术，结果，他带着他的幻灯机一起上了天堂。看来，每一次的新发明、新创作要让人们马上接受都不是太容易。

1654年，德国人基夏尔首次记述了幻灯机的发明，最初幻灯机的外壳是用铁皮敲成一个方箱，顶部有一类似烟筒的排气筒，正前方装有一个圆筒，圆筒中用一块可滑动的凸透镜，形成一个简单的镜头，镜头和铁皮箱之间有一块可调节焦距的面板，箱内装有光源，最初的光源是烛光。使用时，把幻灯机置于一个黑房内，将幻灯片插入凸透镜后面的槽中，点燃蜡烛，光源通过反光镜反射汇聚，通过透明画片和镜头，形成一根光柱映在墙幕上。

随着工业革命的蓬勃发展，幻灯机也进入了工业化时代。幻灯机的工业化生产开始于1845年，光源也从初时的蜡烛，先后改为油灯、汽灯，最后改为电光源。为了提高画面的质量和亮度，还在光源的后面安装了凹面反射镜，光源的增大，使得机箱的温度升高，为了散热，在幻灯机中加装了排气散热结构，输片也改为自动的了。最早的幻灯片是玻璃制成的，靠人工绘画。在19世纪中叶，美国发明了赛璐珞胶卷后，幻灯片即开始使用照相移片法生产。我们今天广泛使用的幻灯机，就是在19世纪幻灯机的基础上发展改进而成的。

二战后，人类迎来了第三次科技革命，电脑的发明、集成电路的大量出现，也使投影机进入数字化时代。1989年，爱普生和索尼拥有了液晶板的核心技术，同年，世界上第一台液晶投影机——爱普生的VPL-2000诞生，在投影界掀起了一次液晶狂潮。巴可、东芝、科视、明基都纷纷推出自己的投影新产品，一时间，投影界风起云涌。

↓投影仪

书写工具的革新
——钢笔的发明

☆起　　源：美国
☆问世年代：19世纪
☆发 明 人：沃特曼

钢笔是人们普遍使用的书写工具，它发明于19世纪初。钢笔书写起来圆滑而有弹性，相当流畅。在钢笔笔套口处或笔尖表面，均有明显的商标牌号、型号。

古代使用硬笔的发现

钢笔的发明是书写工具的巨大革新，让人们记录和传播知识变得更快捷。对硬笔的使用最早是苏美尔人和埃及人，他们最初在泥地上写字。我国在汉代也有使用硬笔的记录，1906年，英国探险家斯坦因在新疆若羌县米兰遗址中发现的芦管笔证明了我国早期使用硬笔的历史。这种笔以木质材料精工削磨，有锋利的笔尖和马耳形笔舌。让人难以相信的是，这种笔的笔舌正中都有一条缝隙，呈双瓣合尖状，与现代钢笔笔舌有异曲同工之妙。这种笔舌的设计及原理与现代钢笔是相同的，笔舌正中劈缝，增加了笔尖的柔软性，减弱了僵硬度，这样就不容易划破纸张，同时为墨汁缓缓下渗开辟了一条通道，书写流利。

现代钢笔的诞生

现代钢笔诞生在19世纪。1809年，英国颁发了第一批关于储水笔的专利证书，这标志着钢笔的正式诞生。早期的储水笔墨水不能自由流动。写字的人压一下活塞，墨水才开始流动，写一阵之后又得压一下，否则墨水就流不出来了，因此书写非常不方便。在这种情况下，人们宁可使用鹅毛笔和蘸水笔。

美国的刘易斯·埃德森·沃特曼是美国一家保险公司的雇员，1884年的一天早晨他从对手那里抢来了

一份保险合同，当他将墨水瓶和鹅毛笔递给委托人，准备签字的时候，一大滴墨水却落了下来，污染了文件。他无奈地让委托人稍等片刻，自己再去找一份表格。可是等他拿回表格的时候，发现他的对手乘虚而入，已经抢走了那份合同，使得刚刚到手的生意又丢了。他愤怒地将鹅毛笔扔到地上，决心发明一种使用便捷的墨水笔。

沃特曼认真研究了活塞式储水笔后，准备改进出一种书写流畅，但是又不会漏出墨水的自来水笔。他先在联结墨水囊和笔尖的一根硬橡胶中钻了一条头发般粗细的通道，在墨水囊中放进少量空气，使内部的气压与外面平衡，墨水就慢慢流出来，但是效果并不好。他后来想到了毛细管原理，植物正是利用这种原理来输送水分和养分的。因此他在墨水囊和笔舌之间装了一根细管，这样一切都解决了。沃特曼的钢笔储水囊最初用的是眼药水瓶，后来改用柔软的橡皮囊取代，只要把空气挤出来就可吸进墨水。

到了20世纪，钢笔已经发展得很完善，钢笔里装墨水的部分采用了皮胆。1956年，现代钢笔诞生了。

知识链接

斯坦因

斯坦因：英国人，原籍匈牙利。早年在维也纳、莱比锡等大学学习，后游学牛津大学和伦敦大学。1887年至英属印度，任拉合尔东方学院院长、加尔各答大学校长等职。在英国和印度政府的支持下，先后进行三次中亚探险。

虽然斯坦因在事业上取得了巨大的成功，但是，他这种只顾事业而不分国界随心所欲的探险考古活动，侵犯了中国人民的利益，伤害了中国人的感情。斯坦因第一次来敦煌是1907年3月。这是他第二次中亚腹地探险活动。当时，他不仅在莫高窟看到了精美的壁画和彩塑，而且采用各种手段，尤以“唐僧之徒”为名，骗取道士王圆箓的信任，以极少的白银，从王道士手中换取了大量的写经、文书和艺术品。当他离开莫高窟时，仅经卷文书就装满了24箱子，精美的绢画和刺绣艺术品等文物又装了5大箱。后经清理，卷文完整的有7000件，残缺的6000件，还有一大批其他文物。斯坦因第二次来敦煌时，又以500两白银的捐献，从王圆箓手中换去570部汉文写卷。这些卷子是王圆箓专门收集的，均为完整的长卷，价值极高，但又被斯坦因卷运到了英国。

飞翔的文字
——电报的发明

☆起　　源：美国
☆问世年代：1832年
☆发 明 人：塞缪尔·莫尔斯

1844年5月24日，在人类通讯史上是一个庄严的时刻。这一天，美国首都华盛顿沉浸在节日般的热烈气氛中。国会大厦外面聚集着成千上万的人，人们怀着急切而兴奋的心情，从四面八方赶来观看“用导线传递消息”的奇迹。

在国会大厦联邦最高法院会议厅里，一个皮肤黝黑、心情激动的人，正对着几位被邀请来的科学家和政府人士，讲解他发明的电报机原理。接着，他接通电报机，按照预先约定的时间，亲手向64千米以外的巴尔的摩发出了历史上第一份长途电报。

这个最早发明电报的人名叫塞缪尔·莫尔斯。有趣的是，他既不是物理学家，也不是工程师，而是画家。一个画家怎么会最早发明电报而成为现代通讯的奠基人呢?

一个魔术的灵感

1832年10月19日，“绪利”号客轮从法国沿海港口起航驶向美国纽约。在这艘大帆船上，有一位在法国学习美术的美国人莫尔斯。在船舱内，莫尔斯遇到了从巴黎讲授电学结束回国的杰克逊博士。于是，在漫长的航海途中，他们两人成了亲密的旅伴。在船上，他被杰克逊的“魔术”表演深深吸引住了。只见杰克逊手里摆弄着一块马蹄形铁，上面绕着一圈圈绝缘铜丝。杰克逊让马蹄铁上的铜丝通上电，结果奇迹出现了：那些撒在马蹄铁附近的铁钉、铁片，立即被吸了过去；当切断电源时，那些铁钉、铁片又很快掉了下来。

杰克逊向大家解释说，这是电磁感应现象。尽管莫尔斯当时对电学知识一窍不通，但杰克逊的这个电磁感应试验却引起他的极大兴趣。当时，有一旅客随便地问杰克逊博士：电的速度是多少？杰克

逊博士答不出来，然而却引起了莫尔斯对电学的兴趣。后来，在甲板上，莫尔斯和杰克逊对这一问题进行了长时间的讨论。正是这次讨论，使莫尔斯毅然放弃了对美术的研究。一个新奇的想法如闪电一样掠过他的脑海：电线通电后能产生磁性，如果利用电流的断续，使磁针做出不同的动作，把动作再编成符号，这些符号分别代表不同的含义，这样岂不是可以利用电磁感应原理，发明出一种既迅速又准确的通信工具了吗？

当“绪利”号大帆船抵达美国时，经过了大西洋上惊涛骇浪颠簸的莫尔斯，充满信心地对“绪利”号船主说：“不久世界上会出现一种令人惊奇的电报。这种给航海带来福音的发明的起端，正在你的船上。”

“电报发明日”的来历

回到纽约后，莫尔斯立即投入了电报机的发明工作。整整三年过去了，试验还没有取得什么成果。可以想象，一个从未学过电学知识，又没有机械制造技术的画家，要发明一种全新的电报机，该有多么困难啊！但莫尔斯毫不气馁，毫不动摇，继续充满信心地进行试验。他一方面刻苦学习有关知识，同时还拜电学家亨利为师，并得到贝尔父子的大力支持。

1839年9月4日，经过无数次试验后，莫尔斯发明的电报机终于能够在500米范围内有效地工作了。他和贝尔两人还共同成功研制了一种用点、线符号来表示不同英文字母的“莫尔斯电码”。

1843年，美国国会通过决议案，拨款3万元，资助莫尔斯建造世界上第一条电报线路。经过一年的努力，到1844年，长途电报通讯终于实验成功了。莫尔斯在电报机的发明与创造上，一共奋斗了12年。当电报机制造成功时，他已经是一个两鬓斑白，年已52岁的老人了。这个放弃了美术事业而又为人类作出巨大贡献的人，将永远被人们所怀念。

为了纪念当时莫尔斯对“绪利”号船主说的话变成现实，人们把莫尔斯和杰克逊在“绪利”号轮上相遇的一天，称为“电报发明日”。

打印文件的好伙伴
——打字机的诞生

☆起　　源：美国
☆问世年代：1867年
☆发 明 人：克里斯托夫·拉森·肖尔斯

世界第一台实用即真正的打印机的发明人是一位美国人，他的名字叫肖尔斯，在美国一家烟厂里工作，起初跟打字机没有一点关系，但由于一连串的奇遇和巧合，使他成了这项专利的持有人。

世界上第一台打字机诞生

克里斯托夫·拉森·肖尔斯有一位在一家公司当秘书的妻子。由于妻子工作忙，经常将做不完的工作带回家，连夜赶写材料，非常辛苦。肖尔斯怕把爱妻累坏了，只好帮助她抄写，有时写到深夜，两人往往都写得手酸臂疼。于是，肖尔斯开始有了发明写字机器的想法。

最初，肖尔斯打听到一位老技工叫白吉纳，他曾与别人一起研究过写字机器，于是肖尔斯去找白吉纳。白吉纳很喜欢肖尔斯的认真态度，便将他同一位已去世的朋友断断续续研究了十几年没有成功的写字机体模型送给了肖尔斯，并告诫肖尔斯：研究写字机器是异常困难的事情。但肖尔斯决心已定，他把这些写字机雏形的机件像守护宝贝似的搬回了家，并开始了艰苦的研究工作。经过4年的努力，肖尔斯终于在1867年冬天发明出世界上第一台打字机。

知识链接

打字机制造行业的终结

打字机在过去的一百多年是人们打印文件的好伙伴，噼噼啪啪的打字声和纸上的油墨一度也是电影中不可或缺的场景，但是2011年4月27日，全球仅存的生产打字机的厂商也宣告停业。由于打字机业务被电脑逼到了墙角，他们将停止在印度孟买生产打字机产品。这意味着世界上将不会再有批量生产的打字机出现。

↓老式打字机

办公必备工具
——订书机的出现

☆起　　源：美国

☆问世年代：1869年

☆发 明 人：托马斯·布里格斯

在众多的办公用具中，订书机大家应该经常用到，它为人们提供了把许多页纸装订在一起加以保存的理想手段。然而，最早的订书机根本与办公室扯不上关系，它的出现完全是因为印刷工业的需要。

提高订书速度的研究

1869年以前，在印刷行业里，装订图书还都是采取非常传统的方法，就是按照“贴码”将书页缝合起来。这是一个相当复杂的工序，对熟练的装订工人来说是简单的，但由一部机器来做却很困难，尤其是生产那些要求快的小册子和杂志的时候。因此，想提高工作速度的装订工人，都试图寻找到用小段弯铁丝来进行装订的办法。

订书机的出现

1869年，美国马萨诸塞州波士顿的托马斯·布里格斯发明了一个能担当此任的机器。这个机器先将铁丝轧断并使它弯成U形。然后，装

↓订书机

订工人再用手把这个U形铁丝穿在书页上，最后再使用这台机器将U形铁丝弯一下，将书固定好。

最初的订书机是相当复杂的，因为它有许多道操作步骤。因此，在1894年的时候，布里格斯又对最初的订书机的工序进行了改进，该工序首先将铁线轧断并弄弯，做成一串“U”形订书钉（早期的“U”形钉包在纸里，使用时再单个地装进订书机里。直到20世纪20年代订书机普及之后，U形钉才被黏合成一长条投放到市场上）。这些钉子可以装进经过改进后简单得多的机器里，该机器可以直接把这些钉子嵌入纸张中去，从而省去了一道人工手续。这个机器就是如今办公室和家里订书机的原型。

知识链接

印刷术

印刷术起源于中国，发源于中国人独有的印章文化，它是由拓石和盖印两种方法逐步发展而成的，是经过很长时间，积累了许多人的经验而成的，是我国古代劳动人民智慧的结晶，它对人类文明的贡献是不可估量的。因此，有人把印刷术称为“文明之母”，这是再恰当不过的了。现存最早的中国雕版印刷实物是在公元868年，即唐朝时期。

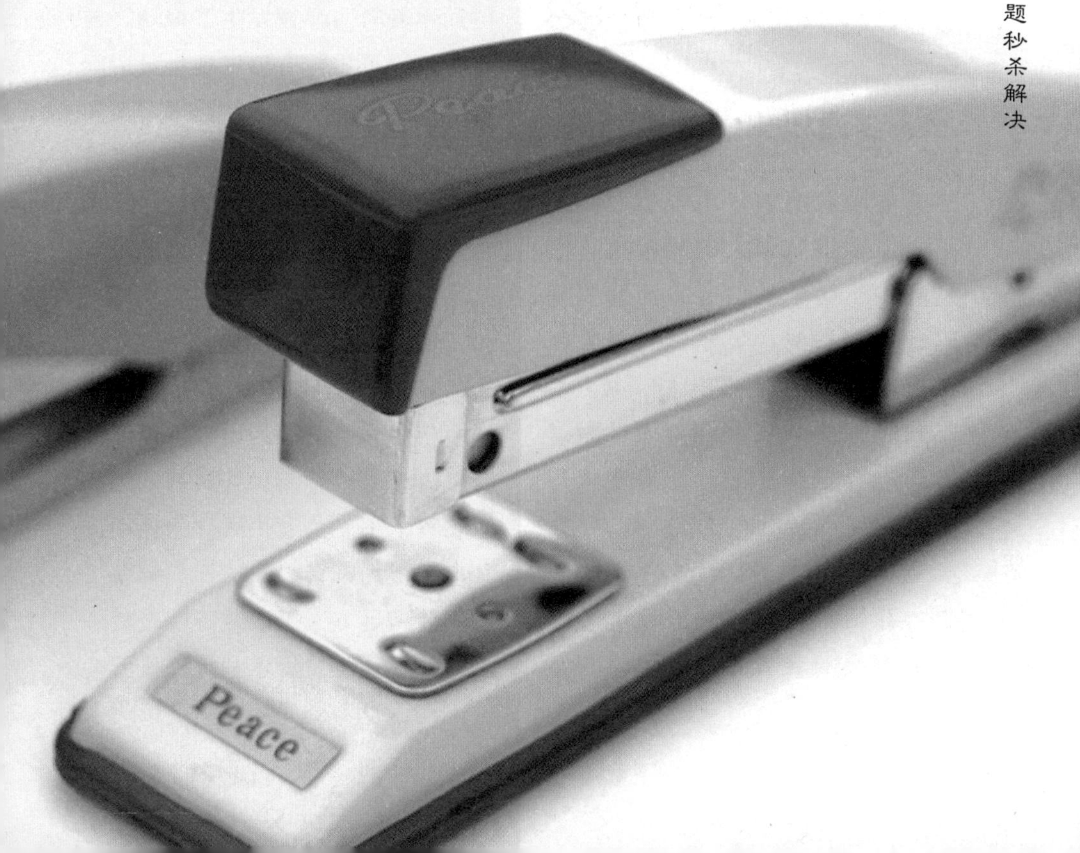

人类通话史上的里程碑
——电话的发明

☆起　　源：美国
☆问世年代：1875年
☆发 明 人：贝尔

在美国波士顿法院路109号楼的门上，钉着一块青铜版子，上面用醒目的金字写着："1875年6月2日，电话在这里诞生。"

人类通讯史上的里程碑

电话发明前，电报已经发明了，但电报有很大的局限性，它只能传达简单的信息，而且要译码，很不方便。贝尔，就是发明电话的人。他1847年生于英国，年轻时跟父亲从事聋哑人的教学工作，曾想制造一种让聋哑人用眼睛看到声音的机器。1873年，成为美国波士顿大学教授的贝尔，开始研究在同一线路上传送许多电报的装置——多工电报，并萌发了利用电流把人的说话声传向远方的念头，使远隔千山万水的人能如同面对面地交谈。于是，贝尔开始了电话的研究。

那是1875年6月2日，贝尔和他的助手沃森分别在两个房间里试验多工电报机，一个偶然发生的事故启发了贝尔。沃森房间里的电报机上有一个弹簧黏到磁铁上了，沃森拉开弹簧时，弹簧发生了振动。与此同时，贝尔惊奇地发现自己房间里电报机上的弹簧颤动起来，还发出了声音，是电流把振动从一个房间传到另一个房间。贝尔的思路顿时大开，他由此想到：如果人对着一块铁片说话，声音将引起铁片振动；若在铁片后面放上一块电磁铁的话，铁片的振动势必在电磁铁线圈中产生时大时小的电流。这个波动电流沿电线传向远处，远处的类似装置上不就会发生同样的振动，发出同样的声音吗？这样声音就沿电线传到远方去了。这不就是梦寐以求的电话吗！贝尔和沃森按新的

设想制成了电话机。在一次实验中，一滴硫酸溅到贝尔的腿上，疼得他直叫喊："沃森先生，我需要你，请到我这里来！"这句话由电话机经电线传到沃森的耳朵里，电话成功了！

1876年3月7日，贝尔成为电话发明的专利人。1877年，也就是贝尔发明电话后的第二年，在波士顿和纽约架设的第一条电话线路开通了，两地相距300千米。也就在这一年，有人第一次用电话给《波士顿环球报》发送了新闻消息，从此开始了公众使用电话的时代。一年之内，贝尔共安装了230部电话，建立了贝尔电话公司，这是美国电报电话公司（AT&T）前身。

电话的发明权之争

从19世纪50年代起，就有一批科学家受电报发明的启发，开始了用电传送声音的研究。在这批人中，有美国人贝尔、格雷、爱迪生、法拉，德国人李斯，法国人波塞尔，意大利人墨西等。

贝尔在美国专利局申请电话专利权是1876年2月14日；而就是他提出申请两小时之后，一个名叫E·格雷的人也走进专利局，也申请电话专利权。格雷的原理是利用送话器内部液体的电阻变化，而受话器则与贝尔的完全相同。翌年，即1877年，爱迪生又取得了发明碳粒送话器的专利。三者间专利之争错综复杂，直到1892年才算告一段落。造成这种局面的一个原因是，当时美国最大的西部联合电报公司买下了格雷和爱迪生的专利权，与贝尔的电话公司对抗。

长时期专利之争的结果是双方达成一项协议，西部联合电报公司完全承认贝尔的专利权，从此不再染指电话业，交换条件是17年之内分享贝尔电话公司收入的20%。

2002年6月16日，美国众议院通过表决，推翻了贝尔发明电话的历史，承认梅乌奇是发明电话的第一人。

在美国众议院作出决议之后，加拿大众议院很快也作了一项决议，重申贝尔是电话发明人，以此来反击美国众议院。看来电话发明权之争一时还难以平息。

传送图画的机器

——传真机的历史

☆起　源：俄国
☆问世年代：1883年
☆发明人：保尔·尼泼科夫

作为传输工具，传真机正以其特有的性能为人们服务。然而提起它的起源就不能不提到英国人贝恩，1842年的时候他就曾提出通过电路传送图像、文字的设想，但因当时条件所限，此研究未能成形。直到1883年，俄国大学生保尔·尼泼科夫才将它变为现实。

传真机的诞生过程

保尔·尼泼科夫格外喜欢通信技术，尤其对电报能传送人的意图，电话能传送人的声音的功能感到神奇。不知何时，在尼泼科夫的脑海里萌发了“研制一种传送图像装置”的想法，这一设想和贝恩不谋而合。

一天，课余时间，尼泼科夫在教室里尝试设计传真装置。忽然，他看见左右邻桌的两位同学正在做一种游戏：他们桌上各放着一张大小相同的纸，纸上画满大小相同的小方格；尼泼科夫右侧的同学在纸上写了一个字，然后按照一定的顺序告诉对方哪一个小格是黑的，哪一个小格是白的，对方按照他发出的指令，或用笔将小方格涂黑，或让它空着。这样，待左侧的同学将全部小方格都按指令处理后，纸上便出现了与右侧同学写的相同的字。

尼泼科夫看着看着，突然想到：“任何图像都是由许许多多的黑点组成的，如果把要传送的图像分解成许多细小的点，再借助一定的科学方式把这些点变成电信号，并传送出来，那么接收的地方只要把电信号再转化为点，并把点留在纸上，不就实现了图像的传真了吗？”但想要实现传真，首先必须找到将图像分解成许多小点的办法。

这时，尼泼科夫想起儿时玩

要过的风车，受此启发，他研制出一台扫描机器：在图像前，紧挨着放置一个可转动的螺旋穿孔圆盘，在圆盘前面装有一个电灯。这样，当光穿过不断运动的孔时，受图像明暗的影响，光有时亮，有时暗。接着，就是把变化的光信号变成变化的电信号，这个“任务”由光电管完成，因为光电管能根据光的亮度产生相应的电流，发送装置就此大功告成。接收装置只要像电报机电码的复原一样，采用与发送相反的方式就行了。经过一段时间的制作，尼泼科夫做成了圆盘式传真机，并申请到了专利。

当然，受当时电子科学技术发展水平的限制，这台圆盘式传真机的传真效果还不理想，但它却为后来的研究者指明了方向。

传真机的发展方向

热敏纸传真机发展的历史最长，现在使用的范围也最广，技术也相对成熟，但是功能单一的缺点也比较突出：需要长期保存的传真资料还需要另外复印一次。这比较麻烦，但是如果传真量比较大或者传真需求比较高，而且也确实不需要扫描和打印功能的用户，热敏纸传真机是比较合适的选择。

随着喷墨、激光一体机技术发展的不断成熟，其强大的多功能性也不断在现代化的办公环境中得到广泛应用，对于提高办公设备的利用率和工作效率还是有比较大的帮助的。因此如果是有电脑在身边的话，一台具有扫描、打印、传真等多功能的传真机也是不错的选择。

随着网络的发展成熟，传统的传真机正在逐渐被新型的网络传真机取代。所谓网络传真机是指不需要传真机，只要上网就可以收发传真的新型传真方式。在未来，它极有可能取代传统传真机而成为主流。

↓现在生活中普遍使用的传真机

捕捉图像的能手
——扫描仪的应用

☆起　源：德国
☆问世年代：1884年
☆起 名 人：尼普科夫

扫描仪对我们来说并不是陌生之物，现在几乎每家公司的办公室里都有它的一席之地。扫描仪是一种计算机外部仪器设备，通过捕获图像并将之转换成计算机可以显示、编辑、存储和输出的数字化输入设备。照片、文本页面、图纸、美术图画、照相底片、菲林软片，甚至纺织品、标牌面板、印制板样品等三维对象都可作为扫描对象。

扫描仪的发展简史

1884年，德国工程师尼普科夫利用硒光电池发明了一种机械扫描装置，这种装置在后来的早期电视系统中得到了应用，到1939年机械扫描系统被淘汰。虽然跟后来100多年后利用计算机来操作的扫描仪没有必然的联系，但从历史的角度来说这算是人类历史上最早使用的扫描技术。

1984年，美国拉斯维加斯推出世界第一台桌上型光学黑白影像扫描仪。1985年，推出全球第一台300dpi桌上型光学黑白影像扫描仪。1986年，推出世界第一台桌上型平台式黑白影像扫描仪。

扫描仪由扫描头、控制电路和机械部件组成。采取逐行扫描，得到的数字信号以点阵的形式保存，再使用文件编辑软件将它编辑成标准格式的文本储存在磁盘上。从诞生至今，扫描仪的品种多种多样，并在不断地发展着。

扫描仪的类型

早期的扫描仪主要有滚筒式扫描仪和平面扫描仪，近几年才出现了笔式扫描仪、便携式扫描仪、馈纸式扫描仪、胶片扫描仪、底片扫描仪和名片扫描仪。

滚筒式扫描仪一般使用光电倍增管PMT，因此它的密度范围较大，而且能够分辨出图像更细微的层次变化。

这种扫描仪诞生于1984年，是目前办公用扫描仪的主流产品。扫描幅面一般为A4或者A3。而平面扫描仪使用的则是CCD（光电耦合器件），故其扫描的密度范围较小。CCD是一长条状有感光元器件，在扫描过程中用来将图像反射过来的光波转化为数位信号，平面扫描仪使用的CCD大都是具有日光灯线性陈列的彩色图像感光器。

↓便携式扫描仪

笔式扫描仪出现于2000年左右，扫描宽度大约只与四号汉字相同，使用时，贴在纸上一行一行地扫描，主要用于文字识别。

便携式扫描仪小巧、快速，因其扫描效果突出，扫描速度仅需1秒，价格也适中，扫描仪体积非常小巧而受到广大企事业办公人群的热爱。

馈纸式扫描仪诞生于20世纪90年代初，随着平板式扫描仪价格的下降，这类产品也于1997年后退出了历史舞台。

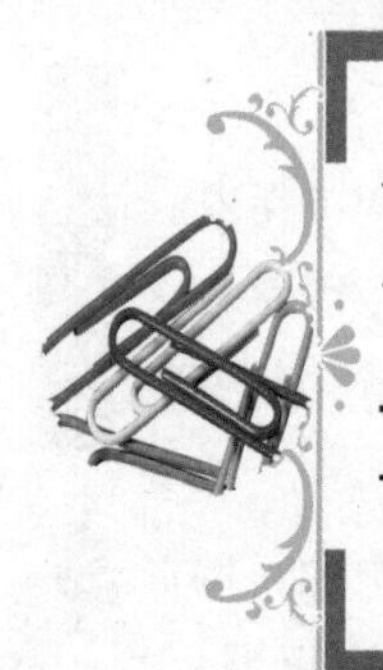

不会破坏纸张的纸夹

——回形针的发明

☆起　　源：美国

☆问世年代：1889年

☆发 明 人：威廉·米德尔布鲁克

回形针似乎是所有发明中最简单的一种（它只是一小段弯曲的金属丝），但是这种用来夹纸的、小小的办公用品的形成，也同样经过了漫长的发展过程。

早期纸夹有缺陷

最初人们把纸张固定在一起时，所使用的最普遍的工具还都是针，特别是大头针。但是用大头针固定纸张有痕迹，且大头针容易生锈污染纸张。于是，人们开始设想一种新的固定纸张的小器具。

19世纪出现了“纸夹”。最早的纸夹是一片带有两个小牙齿的金属板，纸张夹在金属板与小牙齿之间。但是这些早期的纸夹都存在着一个问题：当使用者推动夹子时，突出的金属丝末端会刺到纸里面戳破纸张，对纸张造成的损害甚至超过了大头针。

回形针的诞生

这种现象延续了好长一段时

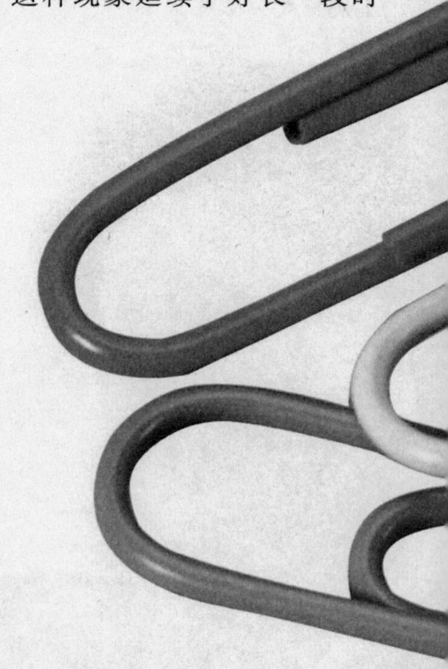

↑回形针

间，直到美国康涅狄格州沃特堡的工程师威廉·米德尔布鲁克，在1889年制造出一台能够使金属丝纸夹弯曲的机器才基本解决了这一问题。米德尔布鲁克发明的这台机器所制成的产品有一个双重环圈，这样就使得它不会损坏纸张。而它的样子和如今的回形针几乎一样。后来，人们在使用的时候，又对它进行了一些细微的加工与改进，完美的回形针便诞生了。

提起现在的回形针，除了一些传统的金属丝制品外，更有许多采用了涂上不同颜色的塑料制品。这不仅使回形针更有吸引力，而且使用者可以用不同颜色的回形针为纸页“编码”，从而使它的用途也更加广泛起来。

不用墨水的笔
——圆珠笔的出现

☆起　　源：匈牙利
☆问世年代：1938年
☆发 明 人：拉迪斯洛·比罗

我们现在所使用的笔各式各样，无论什么类型的笔都能够帮助你完成你的记录过程。然而面对琳琅满目的各式笔，你总能够找到一款你所喜欢的笔。文具店里，有人喜欢买铅笔，有人喜欢买水笔，有人喜欢买圆珠笔。那么你是喜欢使用铅笔还是圆珠笔呢？如果你喜欢使用圆珠笔，那么你知道圆珠笔的发明很具戏剧性吗？如果你还不知道的话，就一起来看看吧。

被遗忘的圆珠笔

1888年，美国人约翰·劳德率先发明了一种类似于现在圆珠笔的笔。这种笔的构造是在一根管子的一端装上一颗能自由转动的金属小圆珠，然后在管内注入印刷时所使用的油墨。然而此时的圆珠笔被用于写字的时候，其金属小圆球也会在纸上移动，管内黏稠的油墨也会从圆珠和管子的缝间逐渐地渗出，并在纸上留下油墨的痕迹。

约翰·劳德发明的这种笔存在着两个致命的问题。第一是作为笔尖用的金属小圆珠很难制作，而且这种金属小球在圆度和硬度上都不理想，书写时，时而不出油，时而出油过多，结果是经常把纸弄得很脏。第二是当时的这种笔所用的油墨难以调配，太稠了写不出，太稀了不写也往外流。所以，劳德的发明根本就没有被使用过。后来这种连名字都未起过的笔被人们遗忘了。但他却为后人发明圆珠油笔打下了良好的基础。

圆珠笔的第二次发明

直到1938年，人们还是在大量地使用着铅笔和钢笔，圆珠笔依然没有人对其进行改造。但是这一年

却是圆珠笔的幸运年，因为终于有人对其进行一次大胆的尝试了。当时一位名叫拉迪斯洛·比罗的匈牙利记者，每一次在他进行新闻速记时，习惯使用钢笔，但是每次他都感到很不方便。因为有时墨水用完了，会弄得自己不知所措；有时又可能笔尖突然堵塞不出水，忙碌中会十分地恼怒；使劲大了笔尖还会将纸划破。所以，比罗下定决心自己研制一种无需补充墨水而且书写快速流利的笔。

比罗当时并不知道约翰·劳德当年的发明。他只好去找自己的哥哥格奥尔格帮忙，兄弟俩在折腾了一阵子之后，在1938年将他们的设想发明出来了。但是意外的巧合是兄弟俩的发明与当年劳德的发明几乎是一样的，因此又被称为“圆珠笔的第二次发明”。

↓圆珠笔的出现

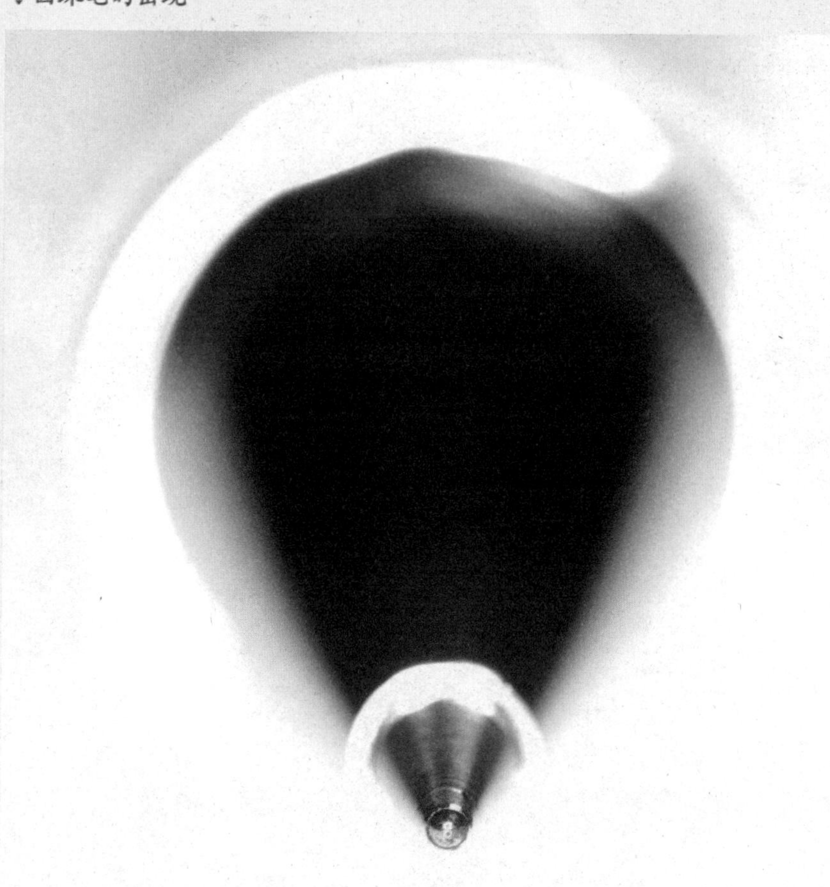

第三章

体育运动给人以美的享受

体育运动是用于增强身体素质的各种活动，内容丰富，有田径、球类、游泳、登山、滑冰、举重、摔跤、自行车等项目。体育给人们以美的享受，还有在有的比赛现场，随着比赛的进行，人们可以大声地叫喊，可以适当地发泄自己的情感，使人们在精神上有一种轻松感。但是你们知道一些体育项目和体育用品是怎么发明的吗?

飞人的运动
——篮球的发明

☆起　　源：美国
☆问世年代：1891年
☆发 明 人：詹姆斯·奈史密斯

篮球运动深受现代人的喜爱，这项运动不仅体现了现代人密切协同的合作精神，而且激发了参与者强烈的竞技精神。当今世界篮球水平最高的联赛是美国职业篮球联赛（NBA）。篮球在1904年列入奥运会的表演项目，到1936年柏林奥运会成为正式项目。女子篮球到1976年蒙特利尔奥运会才成为正式比赛项目。

篮球就是这样诞生了

篮球这一运动是1891年由美国人詹姆斯·奈史密斯开创的。詹姆斯·奈史密斯是美国马萨诸塞州一个基督教会学校的老师，他为学生在冬季找不到一种合适的运动方式而苦恼，他从儿童们用球投向桃筐的游戏中得到灵感，发明了篮球运动。

起初，奈史密斯把两只桃篮分别钉在健身房内看台的栏杆上，桃篮上沿距地面3.04米，用足球作比赛工具，向篮内投掷。投球入篮得1分，按得分多少定胜负。每次投球进篮后，再爬梯子将球取出重新开始比赛。奈史密斯发现这种方法过于麻烦，因此将篮筐改为活底的铁篮，后来干脆改成铁圈下面挂网，这就确定了今天篮筐的样子。最初的篮球比赛，对上场人数、场地大小、比赛时间均无严格限制。双方参加比赛的人数只要相等就可以了。比赛开始，双方队员分别站在两端线外，裁判员鸣哨并将球掷向球场中间，双方跑向场内抢球，开始比赛。持球者可以抱着球跑向篮下投篮，首先达到预定分数者为胜。1892年，奈史密斯制定了13条比赛规则，主要规定是不准持球跑，不准有粗野动作，不准用拳击球，否则即判犯规，连续3次犯规判负1分；比赛时间规定为上、下两个半场，各15分钟；对场地大小也作了明确规定。上场比赛人数逐步缩减为每队10人、9人、7人，1893年定为每队上场5人。

最初人们管它叫“奈史密斯球”或者“筐球”，经过很长一段时间的讨论，最终定名为“篮球”，奈史密斯获得了“篮球之父”的称号。

篮球是怎样走进奥运的

篮球在之后的半个世纪并没有受到足够的重视，直到1936年柏林奥运会，篮球运动才引起关注。这时候的奈史密斯已经75岁了，他随美国篮球队抵达柏林。

到达柏林后的奈史密斯被人晾在了一边，当时的美国篮球教练只负责他到柏林的机票，甚至连奥运会的入场券费用也不负责，这让奈史密斯非常失望，美国奥委会也对此置之不理。不过他很快和国际业余篮球联合会首任秘书长威廉·琼斯接上了头。琼斯非常尊重奈史密斯，帮助他解决了在柏林参加奥运会的费用，并且邀请他为奥运会首场篮球比赛开球。开球前，琼斯向全体参赛运动员介绍了这位篮球发明者，奈史密斯受到热烈的欢迎。全部比赛结束后，琼斯又邀请奈史

↓篮球运动是人们喜爱的运动方式

↑早期的篮球运动员

密斯主持颁奖仪式，并授予他一枚奥林匹克特别勋章，以表彰他发明篮球的功绩。当一位德国小姑娘向他敬献桂冠时，奈史密斯欣喜若狂，激动得把帽子抛向天空，他的大名从此传遍世界。

篮球规则不断完善

柏林奥运会确定男子篮球正式列入比赛项目，并统一了世界篮球竞赛规则。此后，篮球运动的规则不断得到完善，1952年和1956年第15、16两届奥运会的篮球比赛中，出现了两米以上身高的球员，国际业余篮球联合会为此两次扩大篮球场地的“3秒区”；还规定，一个队控球后，必须在30秒内投篮出手。60年代初有关10秒和球回后场的规定，一度因1960年第17届奥运会后取消了中场线改画边线的中点而中止。1964年第18届奥运会后，又恢复了中场线，这些规定又继续执行。1977年增加了每队满10次犯规后，在防守犯规时罚球两次，防投篮时犯规两罚有1次不中再加罚1次的规定。1981年又将10次犯规后罚球的规定缩减到8次。很明显，人员的变化、技术和战术的发展引起了规则的改变，而规则的改变又促进了人员和技术、战术的进一步发展变化。特别是50年代后期以来，规则的改变对篮球比赛的攻守速度，对运动员的身体、技术、战术以及意志、作风等各方面都不断提出新的更高的要求，促进了篮球技术水平的迅速提高。1976年第21届奥运会上女子篮球被列为正式比赛项目。

如今，篮球比赛已经成为全世界流行的集体运动项目，是各类运动项目中拥有最多爱好者的项目。

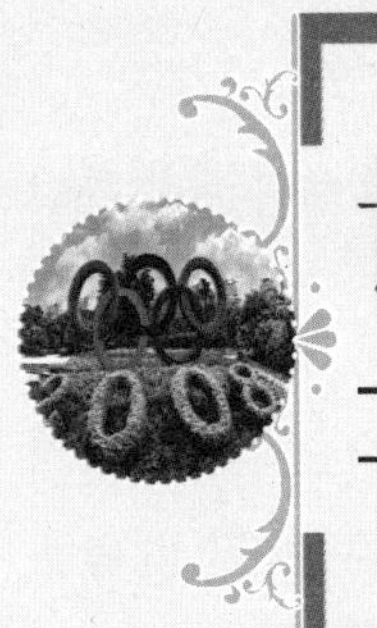

世界最大的体育圣会
——现代奥运会

☆起　　源：希腊
☆问世年代：1896年
☆起 名 人：顾拜旦

1875—1881年，德国库蒂乌斯人在奥林匹克遗址发掘了出土文物，引起了全世界的兴趣。

顾拜旦恢复古希腊奥运会的传统

法国教育家、“奥运之父”皮埃尔·德·顾拜旦认为，恢复古希腊奥运会的传统，对促进国际体育运动的发展有着十分重大的意义。

1893年，根据顾拜旦的建议，在巴黎举行了讨论复兴奥运会问题的国际性体育会议。

1894年1月，顾拜旦草拟了复兴奥运会的具体步骤和需要探讨的10个问题，致函各国体育组织和团体。6月16日，“国际体育运动代表大会”在巴黎索邦神学院开幕，到会代表79人，代表着12个国家的49个体育组织。有2000人参加了开幕式。大会通过了《复兴奥林匹克运动》的决议。6月23日成立了国际奥林匹克委员会。顾拜旦制订的第一部奥林匹克宪章强调了奥林匹克运动的业余性，规定在奥运会上只授

↓运动已成为人们的一种休闲方式

予优胜者荣誉奖，不得以任何形式发给运动员金钱或其他物质奖励。

国际奥林匹克委员会成立

国际奥林匹克委员会的成立，标志着奥林匹克运动的诞生。在顾拜旦的倡导与积极奔走下，1894年6月，在巴黎举行了首次国际体育运动代表大会。国际体育运动代表大会决定把世界性的综合体育运动会叫作奥林匹克运动会，并于1896年4月在希腊首都雅典举行第一届现代奥运会，以后4年一次，轮流在各会员国举行。其中有3届因世界大战而中断，但届数仍按顺序计算。

奥运会成为全世界人民的节日，也是展现举办国综合国力和全世界人民向往和平的具体体现。2008年，中国北京成功地举办了第29届奥运会。

↓2008年北京奥运会

毅力的竞赛
——马拉松的出现

☆起　　源：古希腊
☆问世年代：公元前5世纪
☆起 名 人：米海尔·勃来尔

马拉松赛是一项长跑比赛项目，其距离为42.195千米。这个比赛项目的由来要从公元前490年9月12日发生的一场战役讲起。

马拉松的来历

公元前5世纪，地处西亚、实力雄厚的波斯帝国频频向周围弱小邻国发动侵略战争。

公元前490年，波斯帝国凶狠的统治者大流士一世又派出达提斯率领的十万大军和上千艘大大小小的战船，气势汹汹地向希腊发动了大规模的侵略战争。

希腊数万精兵强将开赴战场，会同当地百姓，在杰出的统帅米尔迪亚德的指挥下，对入侵者进行了英勇反击。结果庞大的波斯军队竟在小小的马拉松镇遭到了惨败。英勇的希腊人民和军队，以少胜多、以弱胜强，在马拉松镇打退了波斯侵略军，从而保卫了首都雅典，取得了反侵略战争的胜利。

↓漂亮的体育赛场

战场上的希腊军民十分喜悦，为了最快地让这一喜讯传到首都雅典，统帅米尔迪亚德命令自己的传令兵菲迪波德斯去完成这一光荣的送信任务。

菲迪波德斯既是统帅的传令兵，又是一名英勇无畏的战士。此时，他刚从刀光剑影的战场回来，身上受了伤，周身染着血迹。激烈的战斗终于取得了胜利，虽然他感到异常疲劳，可他一接到统帅的命令，立即向首都出发了。胜利的喜

↓马拉松的出现

悦和强烈的爱国心激励着他奋力奔跑。谁能相信这个血战刚罢的战士竟一口气跑了42千米的路程。满身血污的菲迪波德斯跑到雅典广场，高兴地喊道："我们胜利了！"说完，这位英勇的战士、著名的飞毛腿、统帅信赖的传令兵就倒在地上了。人们围上来看时，他已停止了呼吸。菲迪波德斯实在太累了，他带着胜利的微笑永远地休息了。

为了纪念这个爱国主义者的壮举，著名法国雕塑家马克斯·克罗塞，根据这位英雄的形象，于1881年塑造了富于表现力的雕塑作品——《我们征服了》。

由于受到这个作品的感染，法国科学院院士米海尔·勃来尔在1895年奥林匹克运动会光复工作开始之际，致函奥运会的发起人顾拜旦男爵，提议举行以马拉松命名的长跑比赛，得到了支持。于是，1896年在希腊雅典举行的近代第一届奥林匹克运动会上，就以当年勇士菲迪波德斯跑过的那条路线的距离作为一个竞赛项目，定名为马拉松赛跑。

人类历史上最古老的运动
——保龄球的研究

☆起　　源：德国
☆问世年代：公元3—4世纪

保龄球的起源

关于保龄球的起源，据记载，1920年，英国考古学家在埃及的墓道发现了九个石瓶及一个石球，这个游戏的玩法是用石球投向石瓶，将石瓶击倒，考古学家认为这个发现与现代保龄球的用具与玩法十分相似。因此，保龄球运动被誉为人类历史上最古老的运动之一。但这个说法至今没有得到权威的认同。

又传，位于太平洋的波利尼亚群岛上，古时候也流行着一种类似的游戏，名叫乌拉勒卡，更不可思议的是，发球的地点与瓶子摆放的地点距离正好是18.29米，与现代保龄球道的距离相差无几。这种传说没有根据，也不足信。那么，真正可信的版本在哪里呢？

真正保龄球的前身

史料记载，起源于公元3—4世纪德国的“九柱戏”被认为是现代

保龄球运动的前身。“九柱戏”是当时欧洲贵族间一种颇为盛行的高雅游戏。

宗教改革之父马丁·路德专门对这种运动的玩法、球和瓶的大小作了统一的规定。规定将九个瓶排列成菱形，用大软球投击瓶子，一直投到瓶子被全部击倒，谁投球的次数少，谁就得胜。从此，九瓶式保龄球开始风行欧洲，特别是在德国和荷兰。

同一时期英国的贵族及上流人士也喜欢玩九瓶式保龄球，不过与欧洲大陆所不同的是，他们的比赛是在室外的草坪上进行的。

直到17世纪以后，荷兰移民尼加·保加兹将保龄球带入美国。18世纪末，美国人对保龄球进行了改进，增加了一只瓶，并形成了延续至今的十瓶制保龄球。

↓保龄球

古老的皇家运动
——高尔夫球的诞生

☆起　　源：荷兰与苏格兰
☆问世年代：公元14世纪

高尔夫球是在室外大场地开展的一种球类运动，有一系列的9个或18个彼此远距离分开的穴，比赛目的是用球棒把一小的硬球推入各个穴，球棒击球的次数越少越好。

高尔夫球的起源与发展历程

关于高尔夫球的起源与得名，有好几个国家都有话说，而且说的都不无道理。事实上，高尔夫球的起源应该和苏格兰与荷兰这两地有关。古希腊比世界上任何一个文明都重视运动，但发明高尔夫球的却不是他们。法老塔斯摩西斯三世在旷野挥舞橄榄木棒击打塞羊毛和泥土的皮球，而罗马人玩帕嘎尼卡的游戏，在街上用球棒将塞满羽毛的皮球击入对方的球门。但这两种游戏都称不上是高尔夫球。

有关专家考察史料后认为，高尔夫球的雏形源于1300年左右的荷兰，当时人们在冰冻的运河上用棍子打球，目的是击中立在冰上的木桩；150年后，苏格兰人在游戏中加入球洞而使得高尔夫球运动最终成型。最早的球洞是在海边沙地上挖的兔子洞，当时标球洞位置用的是海鸥羽毛而不是旗杆。

苏格兰人宣称高尔夫球是他们的“古老的皇家运动”，但是荷兰人称他们的冰上运动为“kolf”(考尔夫)更有说服力。这项运动如何从荷兰传入苏格兰尚不得而知。据说，当初苏格兰羊毛商因为恶劣天气而滞留荷兰，热情好客的当地客户把“kolf”运动介绍给他们。

到了1457年，苏格兰人嗜球成癖，苏格兰议会不得不禁止高尔夫球，下令“完全停止并且取缔高尔夫球”。据说连士兵射箭训练都受到高尔夫球的影响。

到19世纪末，高尔夫球影响到

英格兰，同样成为许多人爱好的活动。

1879年，英国一个铁匠制造了一批铁的高尔夫球棒，很快被定为比赛的球棒；1908年，英国成立了第一个高尔夫球俱乐部；1920年，一位美国商人发明了一种铜质空心圆管制的球棒；1924年，此种球棒被定为正式比赛用球棒。

↓高尔夫球棒

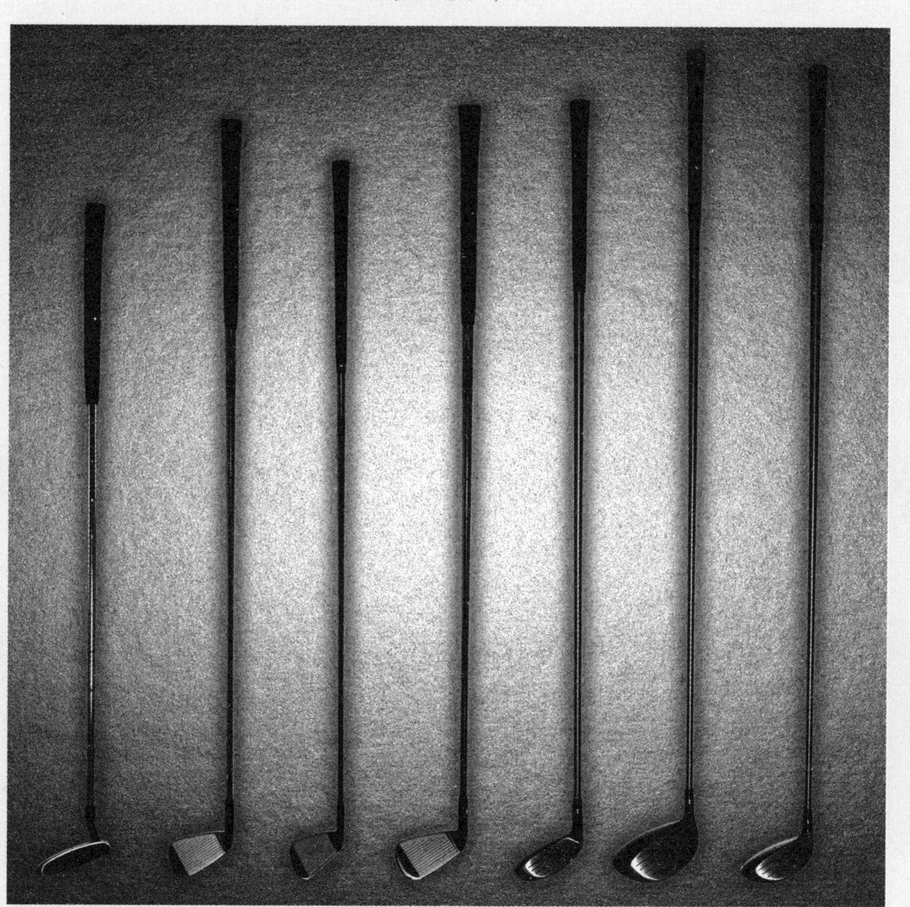

世界第一体育运动
——足球运动的出现

☆起　　源：英国
☆问世年代：1823年

足球在欧洲一直没有间断过它的历史传承与沿革。

足球的起源与发展历程

早在古希腊，就有一种类似今天的足球的游戏。以后，罗马人在此基础上又有所发展。随着罗马人征服欧洲的数百年间，这项运动便得以在英伦三岛广为流传。那时已有罗马人为一方，不列颠居民为一方所进行的比赛。据说那时使用的球是战俘的头颅。以后改用牲畜的膀胱充气做成球。这种球有一定的弹性，可拍，可踢，时常是许多人一拥而上朝某个目标踢去。当时，比赛的动作粗野，时有参加者受重伤，故被禁止。但是，随着时间的推移，足球运动却愈加普遍，英伦各地有各种各样的规则。尽管已成为事实，但几代英国国王仍然禁止踢球，怕年轻人不专心致志地练习武功而受到异邦的侵略。

到了伊丽莎白女王的后期，足球比赛已能登堂入室。节日期间常有壮观的比赛为人们助兴。1602年，在康沃里举办过一次大规模比赛，双方球门相距三四英里，各教区之间相互比赛，席卷了整个地区。

以后的200年间，英伦三岛进行了各种不同形式的比赛，规则也不尽相同。那时还没有人打算把规则统一起来，也没有把各地方的队伍组织起来。那时的比赛相当粗野、激烈，有的队员故意踢对方的小腿而不是踢球，简直和斗殴毫无区别。

1823年11月21日，发生了一件改变整个世界足球面貌的具有历史意义的事件。这天，格拉比城的一群学生在操场上踢球。一个叫威廉·韦伯·埃利斯的小伙子在比赛进行中抱着球跑，这个简单而平常的动作给英国人带来了思考，思考的结果是把足球世界分为两部分：允许用手持球走的成为橄榄球，允许用脚踢、头顶的成为足球。

1863年10月26日，英国成立了足球协会，协会在英伦召开了现代足球史上十分重要的会议，拟定足球比赛规程。以此规程为基石，英国足球从此走向了世界，并被全世界所接受。如今，足球已成为世界第一体育运动。

↓足球运动是世界性运动

中国的国球

——乒乓球的出现

☆起　　源：英国
☆问世年代：公元19世纪末

乒乓球起源于英国。欧洲人至今还把乒乓球称为“桌上的网球”，由此可知，乒乓球是由网球发展而来。

偶然的发现

乒乓球运动的产生，纯属偶然，是因两个英国青年玩耍引起的。19世纪末，欧洲盛行网球运动，但由于受到场地和天气的限制，英国一些大学生便把网球移到室内，以餐桌为球台。一天，伦敦两个青年人到一家饭馆去吃饭，在等待侍者送饭时，他们感到无聊，便信手将装雪茄的盒盖拿在手中玩，同时又将酒瓶上的软木塞也拔了下来，两人在餐桌上你来我往，相互打过来打过去，结果，他俩玩得竟入了迷，连吃饭都顾不上了。

乒乓球运动的发展史

20世纪初，乒乓球运动在欧洲和亚洲蓬勃开展起来。1926年，在德国柏林举行了国际乒乓球邀请赛，后被追认为第一届世界乒乓球锦标赛。同时成立了国际乒乓球联合会。

乒乓球运动的广泛开展，促使球拍和球有了很大改进。最初的球拍是块略经加工的木板。后来有人在球拍上贴一层羊皮。随着现代工业的发展，欧洲人把带有胶粒的橡皮贴在球拍上。在20世纪50年代初，日本人又发明了贴有厚海绵的球拍。最初的球是一种类似网球的橡胶球，1890年，英国运动员吉布从美国带回了一些作为玩具的赛璐珞球，用于乒乓球运动。

1904年，上海一家文具店的老板王道午从日本买回10套乒乓球器材。从此，乒乓球运动传入中国。

如今，在名目繁多的乒乓球比赛中，最负盛名的是世界乒乓球锦标赛。

扩展阅读

邓亚萍

邓亚萍，河南郑州人，前国家队乒乓球运动员，其运动生涯中，获得过18个世界冠军，连续两届获得四次奥运会冠军，邓亚萍是第一个蝉联奥运会乒乓球金牌的球手，被誉为“乒乓皇后”，是乒坛里名副其实的“小个子巨人”。她是2001年北京申奥团成员之一，也是北京申奥形象大使；2009年4月16日，邓亚萍就任共青团北京市委副书记。2010年9月26日，邓亚萍任人民日报社副秘书长兼人民搜索网络股份公司总经理。

↓乒乓球的出现

白冰上的异彩
——冰球伊甸园

☆起　　源：加拿大

☆问世时间：19世纪中叶

冰球运动是多变的滑冰技艺和敏捷娴熟的曲棍球技艺的结合，对抗性较强的集体冰上运动项目之一，也是冬季奥运会正式比赛项目。

追溯冰球的历史

冰球运动起源于19世纪中叶的加拿大。加拿大金斯顿流行一种冰上游戏，绅士们脚穿绑有骨头磨成的刀刃的冰鞋，在结冰的河面上带着一个圆饼滑行。还有一种说法是冰球起源于一种古老的美洲运动——长曲棍球(lacrosse)。然而，最广为流传，也是被广泛接受的说法是，冰球由地面上的曲棍球演变而来，曲棍球发起于北欧，已有500多年的历史，驻扎在加拿大的英国的士兵把这项运动引入北美。而1855年在加拿大金斯顿流行一种冰上游戏，参加者脚上绑着冰刀，手持曲棍，在冰封的湖面上，追逐打击用圆木片制成的圆球，用两根竖起的木杆作为球门，把球击进球门，参加人数不限。这就是现代冰球运动的前身。这种比赛游戏当时在新英格兰及北美的其他地方很流行。1858年这项运动传至欧洲。1902年欧洲第一个冰球俱乐部在瑞士的莱萨旺成立。1908年，国际冰球联盟(IIHF)在巴黎成立，总部设在瑞士苏黎世。1917年，美国冰球联盟(NHL)成立，近些年，NHL已经成为世界上职业化和商业化十分成功的联赛。1912年，加拿大国家冰球协会首创六人制打法，并被国际冰联沿用至今。而NHL的影响也越来越大，和NBA之于世界篮球相似，美国冰球联盟的奖杯斯坦利杯也成了具有传奇色彩的荣誉。

冰球趣闻

虽然冰球的起源现在已经不太清楚，但人们广泛接受的说法是冰球是由英国人传入北美的。在早期英国驻加拿大的兵站中，人们非常喜爱这项运动。在19世纪70年代，加拿大麦基尔大学的一些学生开始组织冰球比赛，并且制定了被人们称作“麦基尔规则”的相关规则。为了与此规则相适应，人们用现在的冰球取代了早期的橡胶球，并且将冰球的每队上场人员定为九名。1885年，加拿大蒙特利尔诞生了第一个全国性冰球组织——加拿大业余冰球联合会(The Amateur Hockey Association of Canada)。该组织将冰球的每队上场人数减至七人，同年，一个由四支球队组成的冰球联盟在安大略湖成立。在19世纪90年代，此项运动传至美国，约翰霍普金斯大学和耶鲁大学在1895年进行了一场著名的冰球比赛。虽然冰球运动在加拿大只是一个娱乐项目，但美国却成立了第一个全国性职业冰球联盟，该联盟于1903年成立，总部设在密歇根州的霍顿，加拿大和美国的球队及球员都是该组织成员，三年后其规模扩大了一倍，到了1910年，北美职业冰球联盟(NHL)正式成立。

冰球运动第一次比赛是在1856年加拿大的一个小城——哈利法克斯举行的。每方上场15人，想方设法将球击进对方球门为胜。女子冰球也始于加拿大。比赛规则类似男子冰球，其不同处为每场只分上、中、下三局，每局时间为20分钟。两局之间休息15分钟。较男子冰球对抗性要弱许多。

↓冰球比赛

抛物线的舞动

——羽毛球的完美挥洒

☆起　　源：亚洲

☆问世年代：两千多年前

羽毛球运动对选手的体格要求并不很高，却比较讲究耐力，极适合东方人开展。

羽毛球的起源

早在两千多年前，一种类似羽毛球运动的游戏就在中国、印度等国出现。中国叫打手毽，印度叫浦那，西欧等国则叫作毽子板球。14—15世纪时的日本，当时的球拍为木质，球是樱桃核插上羽毛做成。据传，在14世纪末，日本出现了把樱桃核插上美丽的羽毛当球，两人用木板来回对打的运动，这便是羽毛球运动的原形。而现代羽毛球运动则诞生在英国。19世纪70年代，英国军人将在印度学到的浦那游戏带回国，作为茶余饭后的娱乐活动。1873年，在英国格拉斯哥郡的伯明顿镇有一位叫鲍弗特的公爵，在他的领地开游园会时，有几个从印度回来的退役军官就向大家介绍了一种隔网用拍子来回击打毽球的游戏，人们对此产生了很大的兴趣。因这项活动极富趣味性，很快就在上层社会社交场上风行开来。“伯明顿”即成为英文羽毛球的名字。现代羽毛球运动约于1920年传入我国，新中国成立后得到迅速发展。20世纪70年代，我国羽毛球队已跻身于世界强队之列。

羽毛球赛事

目前，由国际羽联主办的世界重大羽毛球赛有：

汤姆斯杯：即世界男子团体羽毛球锦标赛，1948年举行首届比赛，现为两年一届，在偶数年举行。比赛由三场单打、两场双打组成。历史上夺得汤姆斯杯冠军最多的国家是印度尼西亚，共13次。

尤伯杯：即世界女子团体羽毛球锦标赛，1956年举行首届比赛，两年一届，在偶数年举行。比赛由三场单打、两场双打组成。

世界羽毛球锦标赛：即世界羽毛球单项锦标赛。设有男、女单打，男、女双打和混合双打五个比赛项目。1977年起为三年一届，1983年改为两年一届，在奇数年进行。2005年改为每年一届，但奥运年不举办。

苏迪曼杯：即世界羽毛球混合团体比赛。1989年开始举办，两年一届，在奇数年举行，比赛由五个单项组成。

世界杯羽毛球赛：属于邀请性比赛，由国际羽联邀请当年成绩优异的选手参加。创办于1981年，1997年世界杯停办；2005年、2006年世界杯恢复举办，中国益阳市承办最后两届世界杯。2006年，世界杯羽毛球赛正式停办。

全英羽毛球锦标赛：由英格兰羽毛球协会于1899年创办，是世界历史上最悠久的羽毛球赛事。最初由英国和英联邦国家选手参加，现在已成为全球性的羽坛大会战。

奥运会羽毛球比赛：羽毛球比赛于1992年成为奥运会正式比赛项目，只设4个单项比赛，无混双比赛。1996年亚特兰大奥运会起增设混双项目，奥运会羽毛球赛冠军是世界羽坛的至高荣誉。

国际羽联超级系列赛：国际羽联参照世界网球大奖赛办法组织的比赛。始于1983年。由在全年不同时间和在不同国家举办的六个级别的系列赛组成，主要包括超级赛和大奖赛。

↓最初的羽毛球

力量的对决
——现代举重运动

☆起　　源：欧洲
☆问世年代：18世纪

使用杠铃、哑铃、壶铃等器材进行锻炼和比赛的运动项目，称为举重项目。举重运动员要完成两个举重动作：抓举和挺举。在抓举比赛中，要求选手伸直双臂，用一次连续动作将杠铃举过头顶。而在挺举比赛里，选手需要先将杠铃置于双肩之上，身体直立，然后再把杠铃举过头顶。运动员要等到裁判判定站稳之后才能算成绩有效。

一项古老的运动

举重是一项很古老的运动。古希腊人曾用举石头来锻炼和测验人的体力，罗马人在棍的两头扎石块来锻炼体力和训练士兵。中国民族形式的举重活动，早在两千多年前的楚汉时代就有记录（举大刀、石担、石锁等）。从晋代至清代，举重均列为武考项目。公元前4000年的古埃及的绘画记述了法老们举沙袋或其他重物来锻炼身体的场面，这就是用举重来进行锻炼的最早的记录，运动员们用这种方法来增强身体力量，增加身上的肌肉。举重是一种衡量这种力量的大小、判定一组人中谁最强壮的方式。

同其他体育运动一样，举重在军事上也用来评估士兵的身体素质。在古代中国，士兵们通常用举起一种称作“鼎”的庞然大物来证明自己力大无穷，动作同今天的抓举有些类似。大多数情况下，举重被尊为一项壮举，这从希腊的雕塑和绘画中就可以反映出来。公元前500年左右的一幅画描绘的是一名年轻人一手举着一块未经加工的石块，每个石块有他头的1.5倍大小。石块慢慢演变成了哑铃，之所以这么叫是因为它们是被去掉了击锤的铃，以使它们不会发出声。之后哑铃的形状也不断演变，直到演变为现在更受人们喜爱的杠铃。

现代举重始于欧洲

现代举重运动始于18世纪的欧洲，英国伦敦的马戏班常有举重表演。19世纪初，英国成立举重俱乐部。最初杠铃两端是金属球，重量不能调整，比赛以次数决胜负。后来，意大利的阿蒂拉将金属球掏空，通过往球内添加铁或铅块调整重量。1910年伯格将金属球改成重量不同、大小不一的金属片。

1891年，在伦敦皮卡迪里广场举行了首届世界举重锦标赛。第一次正式的国际举重比赛是1896年于希腊举行的第一届现代奥运会上进行的。当时的举重比赛不分级别，举的方式也只有单手举和双手举两种，并分别计算成绩。英国的尔·埃里奥特以71千克的成绩获得单手举冠军，丹麦的弗·杨森为双手举冠军，他举起了111.5千克。直到 1904年的第三届奥运会比赛仍采用这两种举重方式。鉴于当时没有比较完善的举重竞赛规则，从1908年到1912年，没有运动员参加奥运会举重比赛。

扩展阅读

举重

随着男子举重的发展，20世纪40年代美国开始举办女子举重比赛。1984年，美国受国际举联的委托，组织了第一届女子举重比赛，有12个国家参加。同年，国际举联在洛杉矶代表大会上审定并通过了新的国际举重规则，将女子举重正式列入比赛项目，同时制定了女子举重比赛的9个体重级别标准。1987年10月31日至11月1日在美国德托纳比奇举行了第一届世界女子举重锦标赛，有22个国家和地区的99名运动员参加了比赛，比赛冠军的成绩被公布为女子举重世界纪录。2000年悉尼奥运会将女子举重列为正式比赛项目。

↓举重

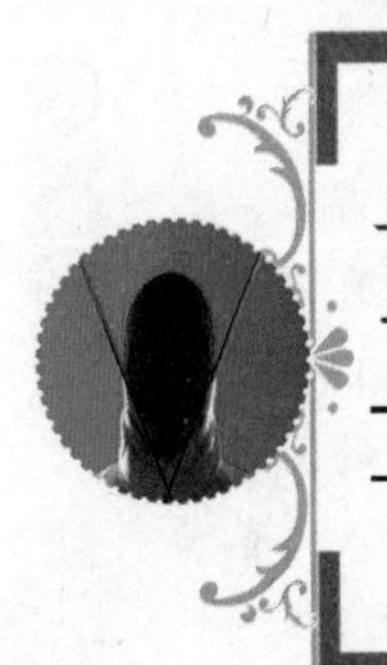

贵族的运动
——击剑的发展

☆起　　源：欧洲

☆问世年代：18世纪

击剑是从古代剑术决斗中发展起来的一项体育项目，它结合优雅的动作和灵活的战术，要求运动员精神的高度集中和身体的良好协调性，体现出运动员良好的动作和敏捷的反应。早期的击剑由于缺乏良好的护具，容易对运动员的身体造成创伤，引起流血、重伤，甚至死亡。自从现代击剑中引入了完善的保护衣具，并采用钝的剑尖，已经消除了这项运动的危险性，也极大地促进了这项运动在全世界范围内的传播。击剑比赛项目男子女子均有花剑、重剑、佩剑项目，每项均包括个人赛和团体赛。

历史悠久的运动

击剑运动是一项历史悠久的传统体育运动项目。早在远古时代，剑就是人类为了生存同野兽进行搏斗和猎食所使用的工具。随着人类历史的发展，剑由最初的石制、骨制发展到青铜制、铁制，最后到钢制，并作为战争的武器，逐步走上历史舞台。击剑在古代埃及、中国、希腊、罗马、阿拉伯等国家十分盛行。公元前11世纪，古希腊就出现了击剑课，并有剑师讲课。在希腊、埃及等国家中的一些历史建筑和纪念碑上都可见到关于击剑的浮雕。

现代击剑运动的发展

西班牙被认为是现代击剑运动的摇篮，第一本击剑书籍就由两位西班牙教练编著。14世纪，在西班牙、法国和意大利出现了一个令人炫目的骑士阶层，他们以精湛的剑术纵横天下，博得了广泛的美誉。此后，各国贵族纷纷效仿，一时间成为上流社会的时尚，以至于发展到贵族之间解决纠纷，动辄拔剑相向，一剑定生死。

击剑运动真正得到全面的发展还是在法国亨利三世和亨利四世时期。1776年，法国著名击剑大师拉布瓦西埃发明了面罩，这一发明使击剑运动进一步走上了高雅道路。人们戴上面罩、手套，穿上击剑服，就可以安全地进行一连串的攻防交锋。面罩的问世是击剑运动发展的一个里程碑。法国成为当时欧洲击剑运动的发展中心。

16世纪末和17世纪初的欧洲盛行决斗。在这种形势下，为了满足人们对击剑的爱好和需要，又不至于伤害生命，一种剑身较短并呈四棱形，剑尖用皮条包扎的新型剑被设计出来，受到人们的普遍欢迎，并得到广泛推广，这便是现在花剑的雏形。从此，在欧洲的习武厅、击剑厅及专业学校里，花剑的击剑方式逐渐形成并日趋完善。

18世纪末，匈牙利人对东方波斯人、阿拉伯人及土耳其人早期骑兵用的弯型短刀进行了改革，于剑柄上装配了一个像弯月形的护手盘，在击剑时可以起到保护手指的作用。后来，意大利击剑大师朱赛普•拉达叶利将它进一步改进，使它能在击剑运动和决斗中使用，并根据骑兵作战的特点，规定有效部位为腰带以上，这便成为现代佩剑的前身。至此，人们在从事击剑时就可以自由地选择花剑、重剑和佩剑。

19世纪初，在法国击剑权威拉夫热耳的倡议下，将花、重、佩这三种不同式样的剑的重量再加以减轻，同时对一些技术原理及战术意义进行深入研究，并且在一些欧洲国家经常开展竞赛活动。击剑运动由此逐渐成为国际性的体育竞赛项目，并最早成为奥林匹克大家庭中的一员。

走进奥运会

现代击剑运动是奥运会的传统项目。1896年在雅典举行的第1届现代奥运会上就设有男子花剑、佩剑的比赛。1900年在巴黎举行的第2届奥运会上，增加了男子重剑比赛。1924年在巴黎举行的第8届奥运会上，又增加了女子花剑比赛。1992年在巴塞罗那举行的第25届奥运会上，女子重剑被列为正式比赛项目。女子佩剑于2004年雅典奥运会上，被正式列为奥运会项目。

1913年11月29日，在法国巴黎成立了国际击剑联合会。1914年6月，在巴黎通过了《击剑竞赛规则》，从而使击剑运动竞赛趋向公平、合理。

第四章

电器时代是第二次工业革命的开辟时代

在人们的日常生活中，电器电机产品随处可见，大到电视机、空调机，小到电风扇、电饭煲等，每一个产品的出现都使人们的生活品质得到了提升。但你了解它们的发明过程吗？

打开新世界的窗户
——电视机的问世

☆起　　源：英国
☆问世年代：1925年
☆发 明 人：约翰·洛吉·贝尔德

现在，电视机也许是与人类生活关系最密切的电器了。如果我们说电视机改变了人类的生活方式，塑造着人们的新的意识，那是一点也不过分的，怪不得有人把电视机比作神话中改变世界的魔匣。

第一台电视机的诞生过程

人们通常把1925年10月2日苏格兰人约翰·洛吉·贝尔德在伦敦的一次实验中"扫描"出木偶的图像看作电视诞生的标志，贝尔德也因此被称作"电视之父"。

1906年，年仅18岁的贝尔德从故乡苏格兰移居英格兰西南部的黑斯廷斯，在那里建立了一个实验室，着手电视的研制。

贝尔德没有实验经费，只好从旧货摊、废物堆里找来种种代用品，装配了一整套用胶水、细绳、火漆及密密麻麻的电线黏合串联起

↓电视机的出现

来的实验装置。贝尔德用这套装置夜以继日地进行实验，装了拆、拆了装，不断加以改进。功夫不负有心人，1924年春天，他终于成功地发射了一朵十字花，那图像还只是一个忽隐忽现的轮廓，发射距离只有3米。

1925年10月2日是贝尔德一生中最为激动的一天。这天他在室内安上了一台能使光信号转化为电信号的新装置，希望能用它把一个木偶头像的脸显现得更逼真些。下午，他按动了机器上的按钮，木偶的图像一下子清晰逼真地显现出来。

贝尔德兴奋得一跃而起，此时浮现在他脑际的只有一个念头：赶紧找一个活的人来，传送一张活生生的人脸出去。

贝尔德楼下是一家影片出租商店，这天下午店内正在营业，突然间“楼上搞发明的家伙”闯了进来，碰上第一个人便抓住不放。那个被抓的人便是年仅15岁的店员威廉·台英顿。几分钟之后，贝尔德在“魔镜”里看到了威廉·台英顿的脸——那是通过电视播送的第一张人脸。实验成功了！

关于电视机发明人的争议

就在贝尔德发明电视机的同一年，俄罗斯人维拉蒂米尔·斯福罗金和费罗·法恩斯沃斯两人也分别发明了电视。

尽管时间相同，但约翰·洛吉·贝尔德与维拉蒂米尔·斯福罗金和费罗·法恩斯沃斯的电视系统是有着很大差别的。史上将约翰·洛吉·贝尔德的电视系统称作机械式电视，而维拉蒂米尔·斯福罗金和费罗·法恩斯沃斯的电视系统则被称为电子式电视。这种差别主要是因为传输和接收原理的不同。

空气调温器
——空调机的出现

☆起　　源：美国
☆问世年代：1902年
☆发 明 人：威利斯·哈维兰德·卡里尔

说起空调，人们不应该忘记它的发明者——被称为“空调之父”的威利斯·哈维兰德·卡里尔。威利斯·哈维兰德·卡里尔，美国人，1876年11月生于纽约州。24岁从美国康奈尔大学毕业后，卡里尔供职于制造供暖系统的布法罗锻冶公司，担任机械工程师职务。

空调的发明历程

1901年夏季，纽约地区空气湿热，纽约市布鲁克林区的萨克特·威廉斯印刷出版公司由于湿热空气作怪，使得油墨老是不干，纸张因伸缩率不定，印出来的东西模模糊糊，生产大受影响。因此，印刷出版公司找到了布法罗锻冶公司，寻求一种能够调节空气温度、湿度的设备。布法罗锻冶公司将此任务交给了富有研究精神的年轻工程师威利斯·哈维兰德·卡里尔。

↓柜机空调

卡里尔接受任务后，经过反复思考，他想道：充满蒸汽的管道可以使周围的空气变暖，那么将蒸汽换成冷水，当潮湿的空气吹过冷水管道时，其中的水分遇冷后便会凝结成水珠，待水珠滴落，剩下的就会是更冷、更干燥的空气了。基于这一设想，卡里尔通过实验，终于制造出世界上第一台空气调节系统（简称空调），并于1902年7月17日为萨克特·威廉斯印刷出版公司首次安装，这套设备在使用后取得了较好的效果。

知识链接

空调省电窍门

1.不要贪图空调的低温，温度设定适当即可。因为空调在制冷时，设定温度高2℃，就可节电20%。对于静坐或正在进行轻度劳动的人来说，室内可以接受的温度一般在27℃—28℃之间。

2.过滤网要常清洗。太多的灰尘会塞住网孔，使空调加倍费力。

3.改进房间的维护结构。对一些门窗结构较差，缝隙较大的房间，可做一些应急性改善办法：如用胶水纸带封住窗缝，并在玻璃窗外贴一层透明的塑料薄膜、采用遮阳窗帘，室内墙壁贴木制板或塑料板，在墙外涂刷白色涂料等，以减少通过外墙带来的冷气损耗。

↓壁挂式空调

高科技拖把
——吸尘器的发明

☆起　源：英国
☆问世年代：1901年左右
☆发 明 人：塞西尔·布鲁斯

塞西尔·布鲁斯是世界上第一台吸尘器的发明者。提到这项发明的起源，还得从1901年布鲁斯一次意外的遭遇说起。如果没有那次意外，说不定人们今天还没有吸尘器。

一次意外的灵感

有一次，塞西尔·布鲁斯正在伦敦的一家餐馆里用餐，他看到后面的椅背上满是灰尘，就用自己的嘴凑上吹了一下，结果可想而知，灰尘把他呛坏了！布鲁斯由此受到启发，萌生了发明吸尘器的想法。于是，他便信心十足地在自己的工作室里研制了起来。不久之后，他的发明物——吸尘器问世了。但和现在家庭日常使用的吸尘器不同，那是一架很大的机器，是个庞然大物，它有一个气泵，一个装灰尘的铁罐和过滤装置，这三个装置都安装在一辆推车上，由两个人共同操作，操作时，两个人推着它在街上行走，一个人负责用气泵抽气，另一个人则拿着长管子挨家挨户地去

↓吸尘器的发明提高了人们的生活质量

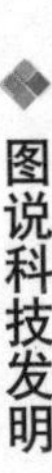

吸尘。没过多久，布鲁斯的吸尘器就在伦敦赢得了广泛的赞誉。所以当爱德华八世举行加冕典礼时，特地请他去将威斯敏斯特教堂那些精美的地毯吸了一遍。

扩展阅读

吸尘器节电小技巧

①使用吸尘器应及时清除过滤袋上的灰尘。

②必须定期给吸尘器转轴添加机油，并更换与原来型号相同的电刷。

③应经常检查吸尘器风道、吸嘴、软管及进风口有无异物堵塞。根据不同的需要选择吸嘴，可提高吸尘效果，又可省电。

④家用吸尘器不能在潮湿的地方使用。

↓吸尘器

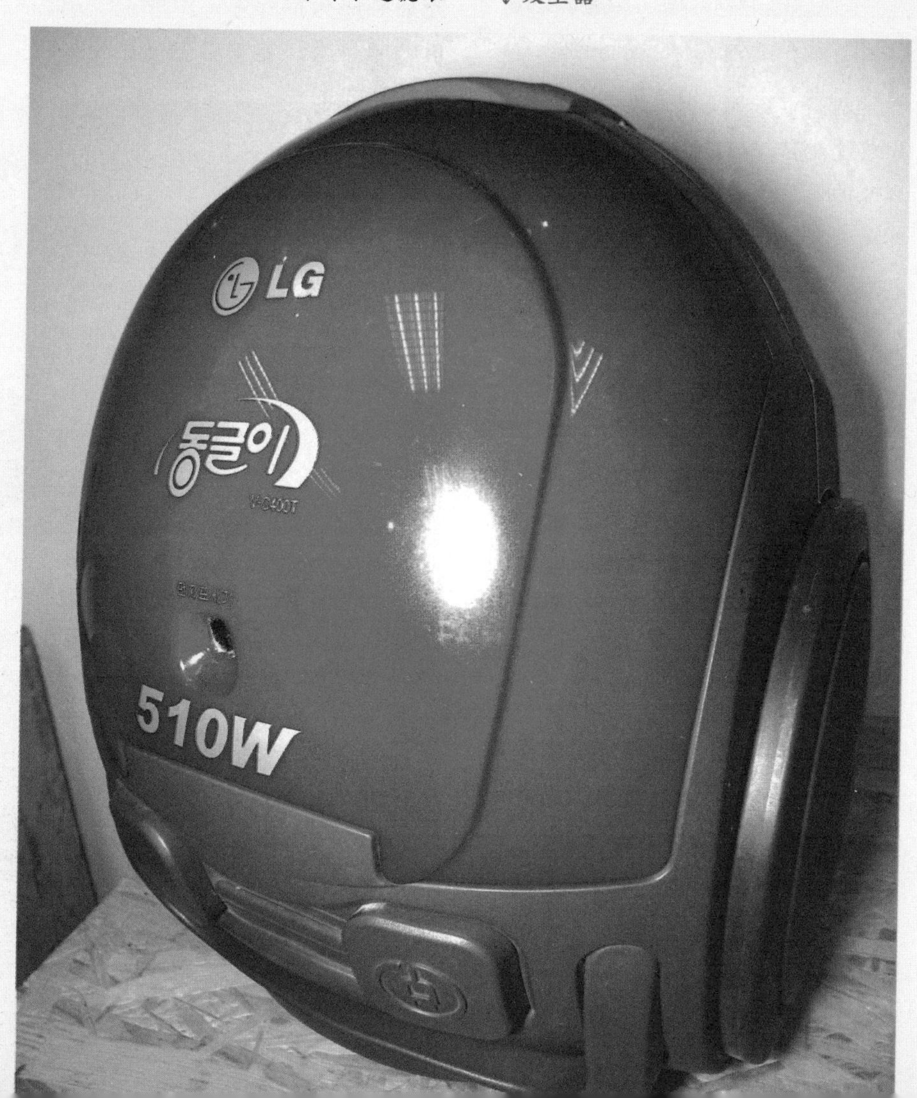

让昔日重现
——电影摄影机的问世

☆起　　源：法国
☆问世年代：1888年
☆发 明 人：E-G.马莱

提到电影，大家都熟悉，但不知你想过没有，拍摄电影的摄影机是怎么来的呢？告诉你，你可别吃惊，它可是一次非常意外的发明。

灵感的闪现

1872年的一天，在美国加利福尼亚州一个酒店里，有两位年轻人就马奔跑时蹄子是否都着地的问题，发生了激烈的争执。争执的结果是谁也说服不了谁，于是就采取了美国人惯用的方式——打赌来解决。他们请来一位驯马好手来做裁决，然而，这位裁判员也难以断定谁是谁非。

裁判的好友——英国摄影师麦布里奇知道了这件事后，表示可由他来试一试。他在跑道的一边安放了一排照相机，拍摄下了马奔跑的连续照片。麦布里奇把这些照片按先后顺序剪接起来，组成了一条连贯的照片带，终于看出马在奔跑时

总有一蹄着地，不会四蹄腾空。

按理说，故事到此就应结束了，但这场打赌及其判定的奇特方法却引起了人们很大的兴趣。麦布里奇一次又一次地向人们出示那条录有奔马形象的照片带。有一次，有人无意识地快速牵动那条照片带，结果眼前出现了一幕奇异的景象：各张照片中那些静止的马叠成一匹运动的马，马竟然“活”起来了！

法国生理学家E-G.马莱从中得到启迪，他试图用照片来研究动物的动作形态。当然，首先得解决连续摄影的方法问题，因为麦布里奇的那种摄影方式太麻烦了，不够实用。马莱是个聪明人，经过几年的不懈努力后，终于在1888年制造出一种轻便的“固定底片连续摄影机”，这就是世界上第一台电影摄影机。

↓胶片带

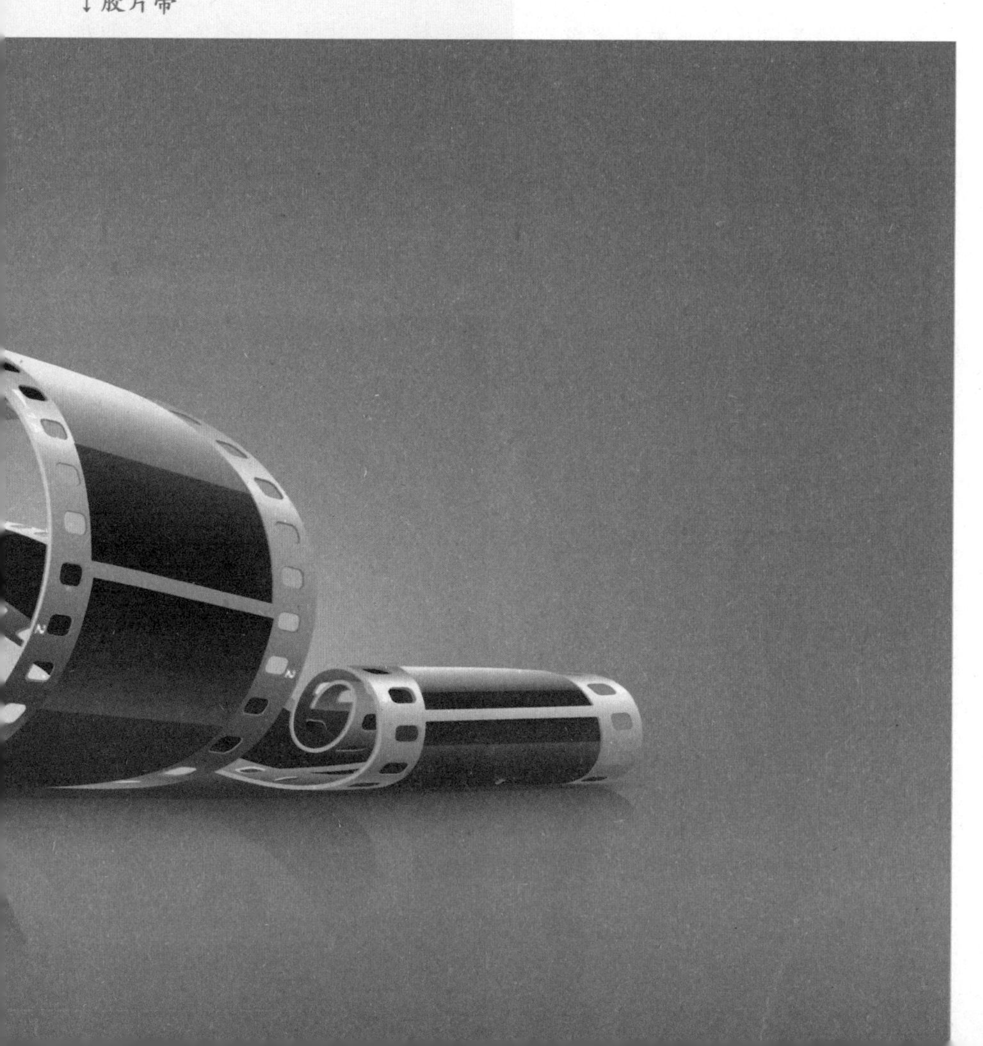

妇女的解放者
——微波炉的出现

☆起　　源：美国
☆问世年代：1947年
☆发 明 人：珀西·斯宾塞

微波炉是现代生活中经常用到的食品加热工具，它的出现为许多人带来了方便。这一杰出的发明源于美国科学家珀西·斯宾塞的一次偶然发现。

偶然发现创造奇迹

1939年，斯宾塞进入了专门制造电子管的雷声公司并很快晋升为新型电子管生产技术的负责人。当时，英国科学家们正在积极从事军用雷达微波能源的研究工作，并设计出了一种能够高效产生大功率微波能的磁控管。但是当时英德处于战争状态，因此这种新产品无法在国内生产，只好寻求与美国合作。于是英国便与斯宾塞所在的美国雷声公司开始了共同研制磁控管的工作。然而，在经历了两次偶然的事件后，斯宾塞萌生了发明微波炉的念头。其中一次是在斯宾塞测试磁控管的过程中，他发现口袋中的巧克力棒被融化了。还有一次，他将一个鸡蛋放在磁控管附近，结果鸡蛋受热突然爆炸，溅了他一身。这两次意外，使斯宾塞得出了微波能使物体发热的论点，并产生了通过微波的热量将食物变熟的想法。雷

声公司在得知情况后果断决定与斯宾塞一同研制这种产品。

于是，在斯宾塞的主持下迅速展开了研制工作，经过不懈的努力，雷声公司终于在1947年于波士顿饭店推出了一台重量超过340千克、高6英尺、价格高达3000美元、被取名为“微波炉”的“超级炉灶”，从此开辟了微波炉的先河。现在微波炉逐渐走入了千家万户。由于用微波烹饪食物又快又方便，不仅味美，而且有特色，因此有人诙谐地称之为“妇女的解放者”。

扩展阅读

微波炉会危害人体健康吗

微波炉里的辐射量很大，但生产微波炉的厂家已经做好了安全措施，在微波炉外的对人体的辐射量就和一支40瓦日光灯管差不多，对人体的影响几乎没有。中华预防医学会的专家介绍，美国威斯康里大学物理教授阿戴尔研究微波辐射对小动物和人类的影响已超过25年，她曾经对动物和人进行过微波室实验，结果，动物在微波室内显得很兴奋，而人类的感觉与享受明媚的阳光差不多。她解释，虽然微波与X光和伽马射线等同属放射线，但其量子的能量却相差数百万倍。她指出，微波杀死细胞的唯一途径就是让它自己“热死”，而微波炉泄漏的辐射无法达到如此程度。如此看来，微波炉并不会危害人体健康。

↓微波炉给人们的生活带来了极大便利

把你收进小盒子
——照相机的诞生

☆起　　源：法国
☆问世时间：18世纪上半叶
☆发 明 人：达盖尔

如今，照相机是人们出游和旅行的必备装备，也是摄影爱好者每日随身携带的必需品。人们熟知和喜爱各式各样的相机，殊不知相机的发明过程和相机本身一样有趣。

“小孔成像”就是照相机的原理

2000多年前，我国学者韩非在他的著作中记载了这么一件事：有一个人请一位画匠为他画一幅画。3年之后，画匠完成了“作品”。他一看，这是什么画呀，只是一块大木头。他正要发脾气，画匠慢条斯理地说道：“请你修一座不透光的房子，在房子一侧的墙上开一扇大窗户，然后把木板嵌在窗上。太阳一出来，你就可以在对面的墙上看到一幅美妙的图画了。”这个人听画匠说得那么有板有眼，就半信半疑地照画匠说的去做。果然，房子盖好，并照画匠说的那样安上木板后，在房子的墙上出现各式各样的景致。不过所有图像都是倒着的。这确实是有科学道理的。房子外的景象可以通过小孔反映在对面的墙上。这在物理学上叫“小孔成像”。照相机就是根据这一原理研制而成的。

发展历程

16世纪初，意大利画家根据“小孔成像”的原理，发明了一种“摄影暗箱”。著名画家达·芬奇在笔记中对它做了记载。他写道：光线通过一座暗室壁上的小孔，在对面的墙上形成一个倒立的像。当然，它只会投影，要用笔把投影的像描绘下来。接着，又有人对“摄影暗箱”进行了改进。比如增加一

块凹透镜，使倒立着的像变成了正立像，看起来舒适多了；或增加一块呈45度角的平面镜，使画面更加清晰逼真。然而，这时候的“摄影暗箱”虽具有照相机的某些特性，但仍不能称为照相机，因为它不能将图像记录下来。

直到18世纪上半叶，人们发现了感光材料，特别是达孟尔发现的感光材料碘化银，给照相机的问世注入了极有效的催产剂。于是，在“摄影暗箱”上装上达孟尔的银版感光片，就诞生了人类历史上第一架真正的照相机。照相机的问世轰动了世界。许多高官显贵要求拍摄自己的肖像照，尽管那时候照一张相就像受一场刑罚一样。初期的照相机体积庞大，十分笨重，携带十分不便。而且照相时要选择好天气，必须在晴天的中午，让照相的人在镜头前端端正正地坐半小时左右。为了让自己的姿容永留人间，养尊处优的贵族们只好耐着性子忍受这一苦楚。

1858年，英国的斯开夫发明了一种手枪式胶板照相机。由于其镜头的有效光圈较大，因此只要扣动扳机，就能拍摄。有趣的是，一次，维多利亚女王在宫廷内召开盛大宴会，邀请各国使节。斯开夫作为新闻记者也应邀出席了宴会。当斯开夫用他的照相机对准女王拍照时，被蜂拥而上的警卫人员扑倒，一时会场秩序大乱。事后，警卫人员才弄懂，那“凶器”原来是照相机。之后，随着感光材料及摄影技术的进一步发展，照相机也不断地得到完善。

1946年，兰德和宝利金发明了新型照相机。这种照相机可以“一次成像”。具体地说，拍摄以后，只需要短短的几十秒钟时间，一张照片就会从照相机内慢慢地“吐”出来。

科学的发展是没有止境的。相信，在不远的未来，将会有更令人称奇的照相机被发明出来。

↓旧式照相机

使空气流通的机器
——电风扇的发明

☆起　　源：美国
☆问世年代：1880年
☆发 明 人：舒乐

电风扇简称电扇，是一种利用电动机驱动扇叶旋转，来达到使空气加速流通的家用电器。广泛用于家庭、办公室、商店、医院和宾馆等场所。电扇主要由扇头、风叶、网罩和控制装置等部件组成。扇头包括电动机、前后端盖和摇头送风机构等。

电风扇的发明史

机械风扇起源于1830年，一个名叫詹姆斯·拜伦的美国人从钟表的结构中受到启发，发明了一种可以固定在天花板上，用发条驱动的机械风扇。这种风扇转动扇叶带来的徐徐凉风，使人感到凉爽，但得爬上梯子去上发条，很麻烦。

1872年，一个叫约瑟夫的法国人又研制出一种靠发条滑轮启动，用齿轮链条装置传动的机械风扇，这个风扇比拜伦发明的机械风扇精致多了，使用也方便一些。

1880年，美国人舒乐首次将叶片直接装在电动机上，再接上电源，叶片飞速转动，阵阵凉风扑面而来，这就是世界上第一台电风扇。

此后，电风扇便走进千家万户。制造商根据大家的需求，分别

↓普通扇叶的模型

设计了吊扇、台扇、落地扇。电风扇又有摇头的和不摇头之分。还有一种微风小电扇，是专门吊在蚊帐里的，夏日晚上睡觉，一开它顿时就微风习习，可以安稳地睡上一觉，还不会生病。

电风扇的发展史

随着科技的发展，电风扇制造的技术也一直在发展。美国通用电器公司研制出了声控电风扇。声控电风扇装有微型电子接收器，只需在不超过3米的地方连续拍手2次，电风扇就会自动运转；若再连续拍手3次，电风扇又会自动停转。日本三菱公司开发的无噪声电风扇，装有特制的鸟翅状叶片，可产生一股涡动气流，且采用直流电机，不加防护罩，很适合有微机、文字处理机、复印机的场所使用。日本东芝公司推出的模糊微控电风扇，设有强、普通、弱等7级风量，可根据传感器测定的温度和湿度，自动选择最佳送风。如果有人碰到网罩，它还会自动停止转动。美国罗伯逊工业公司推出的防伤手指电风扇，只要人的手指一碰到这种电扇的外罩，外罩就会给其控制系统传递一个电脉冲信号，使电扇停止转动，以免手指受伤。

↓电风扇

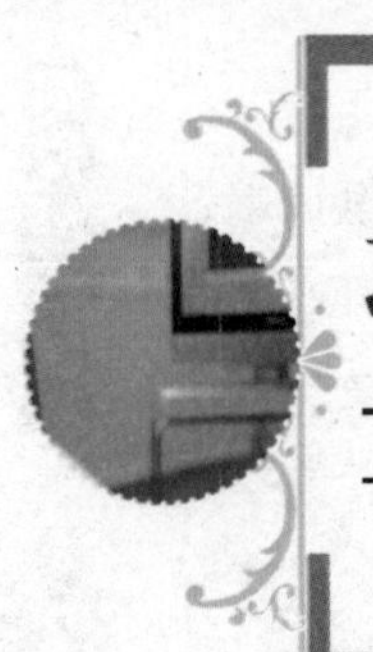

远控机械的装置
——遥控器的出现

☆起　　源：美国
☆问世年代：1898年
☆起 名 人：尼古拉·特斯拉

遥控器是一种用来远控机械的装置。现代的遥控器，主要是由集成电路电板和用来产生不同讯息的按钮所组成。

遥控器的发明史

最早的遥控器是美国的一个叫尼古拉·特斯拉的发明家在1898年时开发出来的，他发明此项技术后，直接将其取名为“遥控器”（美国专利613809号）。

最早用来控制电视的遥控器是美国一家叫Zenith的电器公司在1950年发明的。遥控器一开始是有线的。

1955年，Zenith公司发明出一种被称为“Flashmatic”的无线遥控装置。但这种装置没办法分辨光束是不是从遥控器而来，而且也必须对准才可以控制。

1956年，另一个叫罗伯·爱德勒的发明家开发出称为“Zenith Space Command”的遥控器，这也是第一个现代的无线遥控装置，他是利用超声波来调频道和音量，每个按键发出的频率不一样，但这种装置也可能会被一般的超声波所干扰。到1980年，发送和接收红外线的半导体装置开发出来时，就慢慢取代了超声波控制装置。即使其他的无线传输方式（如蓝牙）持续被开发出来，这种科技直到现在还持续广泛地被使用。

知识链接

万能遥控器

万能遥控器的实现原理就是对芯片内部的存储器进行了扩展，先收集市场上可能存在的所有遥控器的编码，然后将这些编码存储在万能遥控器内部的芯片里，对这些编码根据电器的型号进行编号（也就是代码表），在实际使用时，根据电器的型号从代码表里找到编号，按照使用要求输入编号，就可以使用了。

↓遥控器

图说经典百科

第五章

生命的保护神——生物医药

生命的保健和延续离不开医疗卫生的不断发展，从古代的手工治疗，到今天现代设备的广泛应用，如今人类可以诊断、治疗多种疾病，几乎没有什么不可能。众多发明促进了人类的进步。

父爱的执着
——抗菌药的发明

☆起　　源：德国
☆问世年代：1932年
☆发 明 人：多马克

20世纪初，人类已发明和拥有了疗效显著的一些化学药物，可治愈原虫病和螺旋体病，但对细菌性疾病则束手无策。人们试图研制一种新药以征服严重威胁人类健康的病原菌。这一难关终于在1932年被32岁的德国药物学家、病理学家、细菌学家格哈德·多马克所攻破。

多马克的试验

多马克做了一个对比试验：给一群健康正常的小白鼠注射一些溶血性链球菌，然后将这些小白鼠分成两组，其中一组注射百浪多息，另一组什么都不注射。不一会儿，没有注射百浪多息的那组老鼠全部死去，而注射百浪多息的那组老鼠有的还死里逃生，有的即使最后死去但生存时间延长了许多。这个惊人的发现，一时间轰动了欧洲医学界。但多马克清醒地认识到：要让这种药在临床上得到应用，还有很长的路要走。

首先，要从百浪多息中提炼出有效的成分。究竟是百浪多息中的哪些化学物质有杀菌作用呢?多马克从百浪多息中提炼出一种白色的粉末，即磺胺。接着，他在狗的身上做实验，先将溶血性链球菌注入狗的肚子。过一会儿，原本活蹦乱跳的狗卧倒在地上，大口大口地喘气，伸出火红的舌头，无神的眼睛一动不动。此时，多马克将磺胺注入狗的体内。

不一会儿，狗又恢复了原来的状态，摇摆着尾巴，在多马克的身边蹦蹦跳跳。至此，多马克明白，磺胺具有出色的杀菌作用。

为慎重起见，多马克还在兔子身上做了实验，结果取得了预期的效果。磺胺的杀菌作用不容置疑。

可是，对任何药物来说，只有临床效果是最有说服力的。多马克在寻找合适的机会……

趣味故事

一天夜晚，多马克从实验室回到家，发现女儿爱莉莎发高烧，原来她白天玩耍时不小心手指被割破了。作为与细菌打了多年交道的科学家，多马克知道，这是可恶的链球菌进入了女儿的体内，并在血液里繁殖。多马克连忙请来当地最好的医生给爱莉莎打了针，开了药。可是，病情不但没有得到控制，反而逐渐恶化。爱莉莎全身不停地发抖，人也变得昏昏欲睡。医生对爱莉莎做了检查，然后叹口气，说道："多马克先生，实不相瞒，细菌早已侵入爱女的血液里，并变成了溶血性链球菌败血症，没有什么希望了!"多马克望着女儿苍白的小脸，心在颤抖。但他意识到，此时不是悲伤的时候，哪怕女儿还有百分之一生的希望也不能放弃。他想到了刚刚研制出的磺胺药，虽然临床上还没有用过，但这时候别无选择了。他为爱莉莎注射了磺胺药。

时间一分一秒地过去了。多马克目不转睛地盯住爱莉莎，期待着奇迹的出现。果然，第二天清晨，当旭日冉冉升起之时，爱莉莎睁开了惺忪的睡眼，柔声地说道："爸爸，我舒服多了。"多马克给爱莉莎测量了体温，证实烧已经退了。人世间，没有比这更令人高兴的事了。爱莉莎是医学史上第一个用磺胺药治好病的病人。事后，多马克自豪地说："治好我的女儿，是对我发明的最高奖赏。"

第二次世界大战结束后，多马克赶到瑞典斯德哥尔摩，正式领取了诺贝尔奖。

据说，多马克领奖后，面对众多的记者，风趣地说:"我已经接受过上帝对我的最高奖赏——给了我女儿第二次生命；今天，我再次接受人类对我的最高奖赏。"

↓磺胺成白色粉末状，有很好的抑菌作用

人类免疫的开创者
——人痘接种法

☆起　　源：中国

☆问世年代：16世纪

天花是一种烈性传染病，得病者死亡率非常高。严重损坏人容貌的麻子，就是感染天花后留下的点点疤痕。天花大约在汉代由战争的俘虏传入我国。古医书中的“豆疮”“疱疮”等都是天花的别名。

人痘接种法的种类

长期以来，人类对于天花病一直没有有效的防治方法。我国古代人民在同这种猖獗的传染病不断做斗争的过程中，于明代发明了预防天花的人痘接种方法。

我国发明的人痘接种法，归纳起来分为以下四种：

1.痘衣法：用得了天花的患者的衬衣，给被接种者穿上。

2.痘浆法：用棉花蘸染痘疮的疮浆，塞入被接种者的鼻子里。

3.旱苗法：把光圆红润的痘痂阴干研细，用细管吹入被接种者的鼻孔里。

4.水苗法：用水把研成粉末状的痘痂调匀，再用棉花蘸染，塞入被接种者的鼻孔里。

人痘接种法的发明

上述四种方法，痘衣法和痘浆法比较原始，旱苗法和水苗法都是用痘痂作为痘苗，虽然方法上比痘衣法和痘浆法有所改进，但仍是用人工方法感染天花，有一定危险性。后来在不断实践的过程中，发现如果用接种多次的痘痂作疫苗，则毒性减弱，接种后比较安全。人痘苗的选育方法，完全符合现代制备疫苗的科学原理。它与今天用于预防结核病的“卡介苗”定向减毒选育、使菌株毒性汰尽、抗原性独存的原理，是完全一致的。

我国人痘接种法影响着全世界

人痘接种法的发明，有效地保护了我国人民的健康，而且很快传播到世界各地。清康熙二十七年（公元1688年），俄国医生来到京师（北京）学习种人痘的方法，不久又从俄国传至土耳其，随即传入英国和欧洲各地。18世纪中叶，人痘接种法已传遍欧亚大陆。人痘接种法的发明，是我国对世界医学的一大贡献。

牛痘接种法传入我国

1796年英国人琴纳发明了牛痘接种法，1805年传入我国。因为牛痘比人痘更加安全，我国也逐渐用种牛痘代替了种人痘，并改进了种痘技术。

↓接种天花疫苗

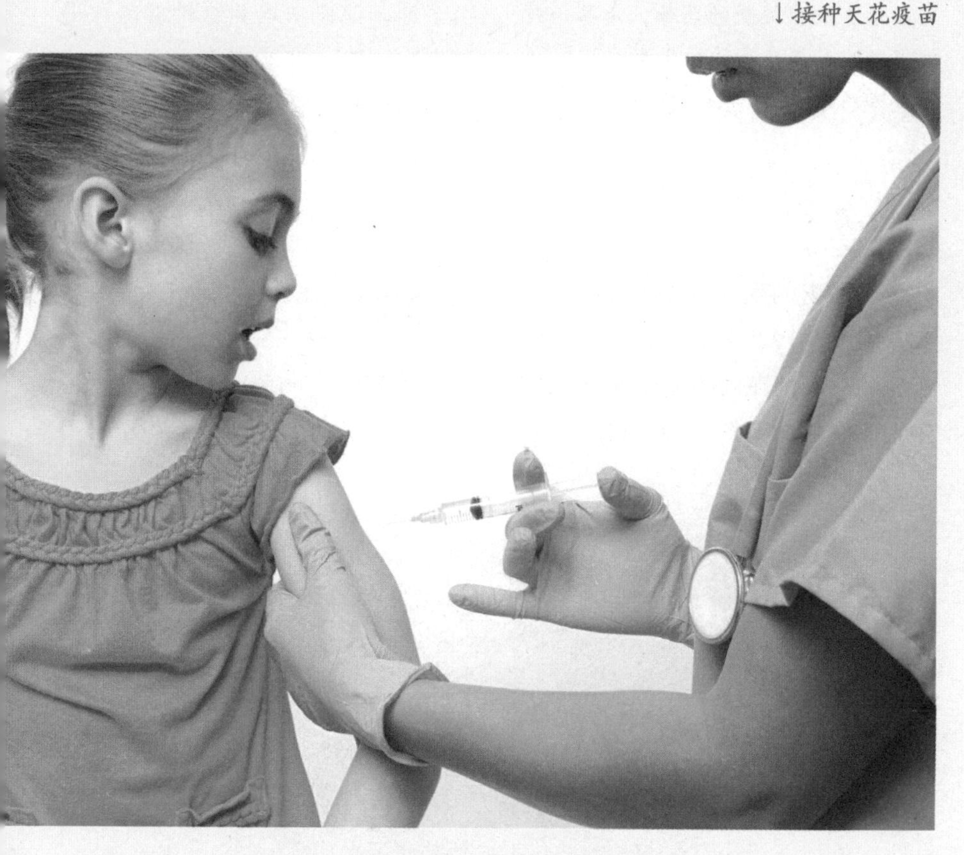

炎症的天敌
——青霉素的发明

☆起　源：英国
☆问世年代：1928年
☆发 明 人：弗莱明

青霉素是抗生素的一种，是从青霉菌培养液中提制的药物，是第一种能够治疗人类疾病的抗生素。

一次意外的发现

青霉素的发现者是英国细菌学家弗莱明。1928年的一天，弗莱明在他的一间简陋的实验室里研究导致人体发热的葡萄球菌。由于盖子没有盖好，他发觉培养细菌用的琼脂上附着了一层青霉菌。这是从楼上的一位研究青霉菌的学者的窗口飘落进来的。使弗莱明感到惊讶的是，在青霉菌的近旁，葡萄球菌忽然不见了。这个偶然的发现深深吸引了他，他设法培养这种霉菌并进行多次试验，证明青霉素可以在几小时内将葡萄球菌全部杀死。弗莱明据此发明了葡萄球菌的克星——青霉素。

青霉素的发展史

1929年，弗莱明发表了学术论文，报告了他的发现，但当时未引

↓青霉素具有很强的抑菌作用

起重视，而且青霉素的提纯问题也还没有解决。

1935年，英国牛津大学生物化学家钱恩和病理学家弗罗里对弗莱明的发现大感兴趣。钱恩负责青霉菌的培养和青霉素的分离、提纯和强化，使其抗菌力提高了几千倍；同时，弗罗里负责对动物进行观察试验。至此，青霉素的功效得到了证明。

青霉素的发现和大量生产，拯救了千百万肺炎、脑膜炎、脓肿、败血症患者的生命，及时抢救了许多伤病员。

第二次世界大战促使青霉素大量生产。1943年，已有足够的青霉素用于治疗伤兵；1950年产量可满足全世界需求。青霉素的发现与研究成功，成为医学史的一项奇迹。青霉素从临床应用开始，至今已发展为三代。

1945年，发现青霉素的弗莱明与研制出青霉素化学制剂的英国病理学家弗罗里、德国生物化学家钱恩一起获得了诺贝尔生理学或医学奖。

↓葡萄上附着的青霉菌

中国人的骄傲
——麻醉剂的诞生

☆起　　源：中国
☆问世年代：公元2世纪
☆发 明 人：华佗

麻醉是指用药物或非药物方法使机体或机体一部分暂时失去感觉，以达到无痛的目的，多用于手术或某些疾病的治疗。麻醉剂是谁发明的？最早使用麻醉剂的是哪个国家？

华佗发明麻沸散

麻醉剂是中国古代外科成就之一。早在距今2000年之前，中国医学中已经有麻醉药和醒药的实际应用了。《列子·汤问篇》中记述了扁鹊用“毒酒”“迷死”病人施以手术再用“神药”催醒的故事。

东汉时期，即公元2世纪，我国古代著名医学家华佗发明了“麻沸散”，作为外科手术时的麻醉剂。他曾经成功地做过腹腔肿瘤切除术，肠、骨部分切除吻合术等。中

↓中草药适当配伍之后，也可起到麻醉作用

药麻醉剂——“麻沸散”的问世，对医学外科发展起到了极大的推动作用，对后世的影响是相当大的。华佗发明和使用麻醉剂，比西方医学家使用乙醚、“笑气”等麻醉剂进行手术要早1600年左右。因此说，华佗不仅是中国第一个，也是世界上第一个麻醉剂的研制和使用者。可惜“麻沸散”后来失传了。

一次偶然的牙痛诞生了麻醉剂

近代最早发明全身麻醉剂的人是19世纪初期的英国化学家戴维。有一天，他牙疼得厉害，当他走进一间充有“一氧化二氮”气体的房间时，牙齿忽然不感觉疼了。好奇心使戴维作了很多次试验，从而证明了一氧化二氮具有麻醉作用。因为戴维闻到这种气体时感到很爽快，于是称它为“笑气”。由于戴维不懂医学，没有把这个发现公布于世。

1844年，美国化学家考尔顿在研究了笑气对人体的催眠作用后，带着笑气到各地演讲，作催眠示范表演。在一次表演中，引起了在场观看表演的一名牙科医生威尔士的重视，激发了他对笑气可能具有麻醉作用的设想。经几次试验后，1845年1月，威尔士在美国波士顿一家医院公开表演在麻醉下进行无痛拔牙手术。由于麻醉不足，表演失败。但是，了解他全部过程的青年助手莫尔顿却仍对麻醉的可能性深信不疑。莫尔顿研究发现，一氧化二氮虽有麻醉作用，但效力较小，他从化学家杰克逊那里得到启示，决定采用乙醚来进行麻醉。1846年10月，他成功地进行了近代世界上第一例病人在麻醉下的手术。

穿透人体的医生
——X射线的发现

☆起　　源：德国

☆问世年代：1895年

☆发 现 人：威廉姆·康拉德·伦琴

X射线是由德国物理学家W.K.伦琴于1895年发现的，故又称伦琴射线。X射线的穿透本领很强，能透过许多对可见光不透明的物体。它可以使很多固体材料发生可见荧光，使照相底片感光等。

伦琴意外发现闪光

1865年，20岁的伦琴，说服父母到苏黎世综合技术学院学习物理，但大学里的一般物理课程教学已经不能使他满足。后来，他听说德国沃兹大学的康特教授德高望重，便登门求教，并拜康特为师，当了康特教授的助教。在老师的悉心指导下，伦琴成长得很快。

1895年，伦琴在沃兹堡大学期间，非常热衷于阴极射线管的研究。由于阴极射线管中的辉光非常微弱，所以在做实验前一定要把屋子遮得很暗。

有一次，伦琴用一张黑纸把阴极射线管严严实实地包好，不让一丝光露出来，然后看看屋子里是否很暗。就在这时候，他看到桌子上距阴极射线管1米左右的一张纸在闪闪发光。伦琴不知道这是哪里漏出来的光，他在黑暗的屋子里找来找去，也没有找到一处漏光的地方。最后他把阴极射线管的电源切断，闪光才消失。

↓伦琴塑像

X射线诞生

为了进一步研究，伦琴在实验室里连续工作了6周，结果他发现从阴极射线管射出的这种看不见的未知射线，具有强大的穿透能力，玻璃、橡胶都挡不住。就算他把荧光纸放到隔壁实验室，这张纸仍然闪闪发光。后来，他又用各种金属进行实验，他发现除了铅和铂以外，其他的金属同样都能被穿透。由于这种了不起的射线尚属未知，于是伦琴将它命名为x射线。

知识链接

伦琴获得第一个诺贝尔物理学奖

1895年圣诞节前夕，伦琴给他妻子的手拍了一张X光片。随后发表了关于他拍摄妻子手骨照片的论文并演示了拍摄过程。那个时候，诺贝尔奖刚刚设立。评奖委员会在1901年将第一个物理学奖颁发给伦琴时，特别指出，这位德国学者的发现，具有“实际应用结果”。当时的伦琴，已经非常有名，获得了不少的奖誉，所以，把刚刚问世的诺贝尔奖发给他，不仅给他本人带来荣誉，而且也有利于提高这一新奖的声誉。然而，诺贝尔奖章程中唯一要求的获奖发言，伦琴却从来没有做过。这位著名的科学家，不爱在公共场合抛头露面，一生中经常躲避这样的发言。

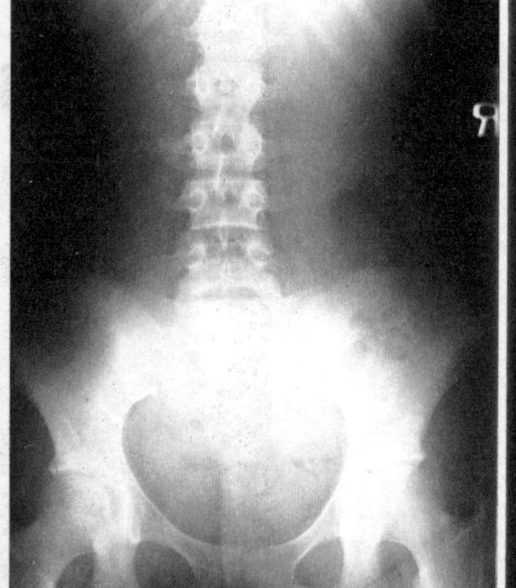

↓X光片

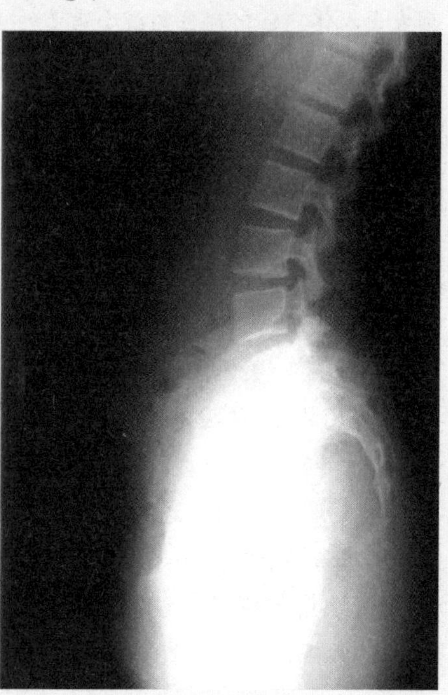

20世纪的“照妖镜”
——CT扫描仪的发明

☆起　　源：英国
☆问世年代：1971年
☆发 明 人：汉斯菲尔德

CT的全称是CT—X线电子计算机体层摄影仪，它是电脑与X光扫描综合技术的产物，集中了当代一系列不同技术领域的最新成就。它能把人体一层一层地用彩色图像显现出来，达到查出人体内任何部位的微小病变的目的。

震动医学界的产物

CT的研制始于20世纪60年代。1963年，美国物理学家科马克首先提出图像重建的数学方法；1967年，英国工程师汉斯菲尔德，在前者的基础上继续进行研究，并于1969年，制作了一架简单装置，此装置是用加强的x线为放射源，对人的头部进行实验性扫描测量，结果，他取得了惊人的成功，这次扫描测量得到了脑内断层分布图像。

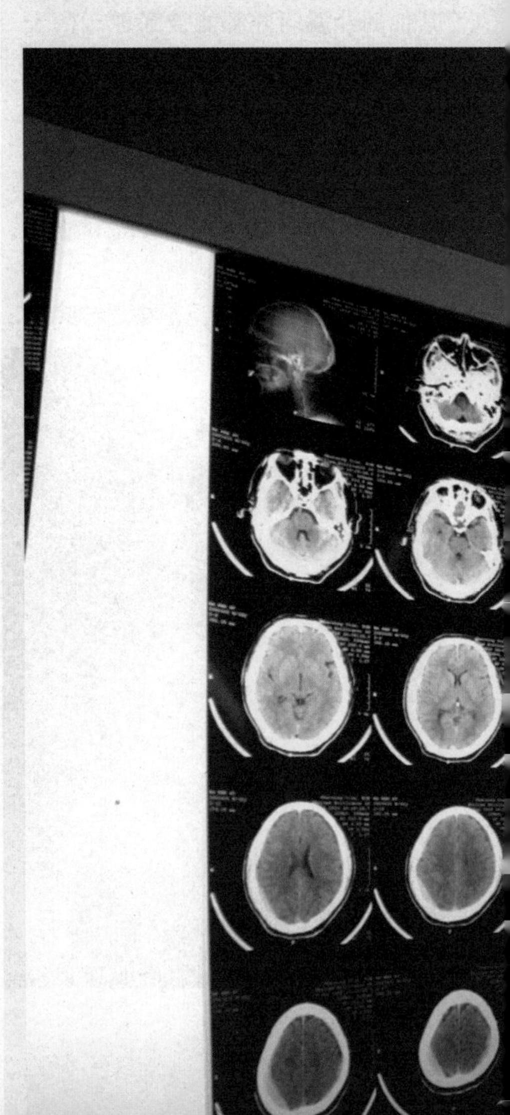

1971年9月，汉斯菲尔德与神经放射学家合作，安装了第一台原型设备，并在同年10月4日正式检查了第一个病人。当时患者仰卧在这台设备上，x射线管在对人体扫描时它下方的一台计数器装置也同时旋转。由于人体器官内的病理组织和正常组织对x射线的吸收程度不同，这些差别会反映在计数器上，经电子计算机处理，便构成了身体部位的横断图像，并呈现在荧光屏上。这次试验的结果在1972年4月召开的英国放射学家研究年会上首次发表，同时也宣告了CT的诞生。这一宣告震动了医学界，它被称为自伦琴发现x射线以来放射诊断学上最重要的成就。

↓CT扫描仪所拍摄的人体内脏图片

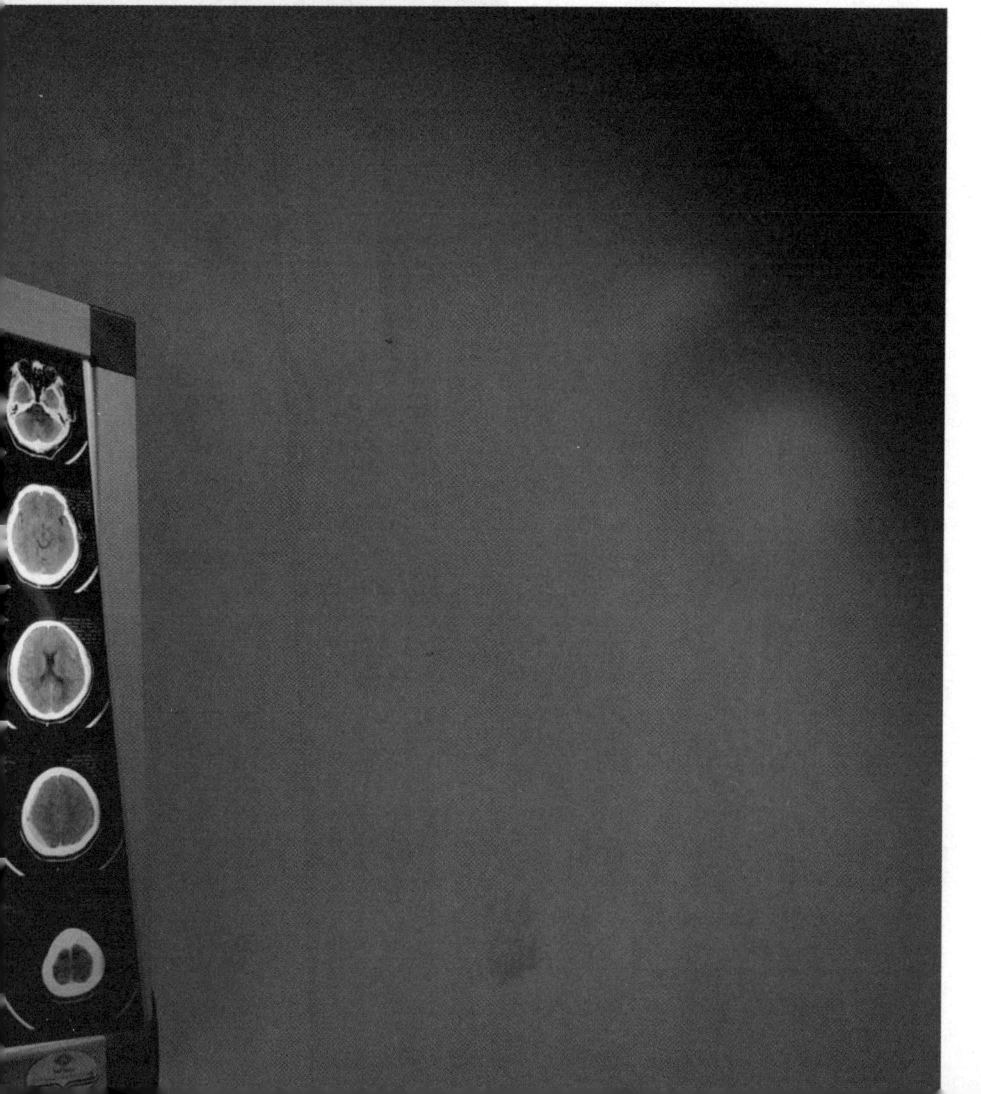

心脏的跳动电影
——心电图仪的发明

☆起　　源：荷兰
☆问世年代：1903年
☆发 明 人：爱因索文

心电图仪又叫心电描记器，是心脏病患者检查病情的严重程度和病后恢复的情况常用的仪器。提到这项了不起的发明，人们应该感谢一个人，那就是爱因索文，正是他在1903年发明了这项技术。

心电图仪的诞生

爱因索文于1860年出生于西印度群岛，1885年取得医生资格。他的第一项发明便是心电描记器，但它最初叫弦线电流计。弦线电流计是在一个磁场的两极之间悬有一根很细的镀银的石英丝的仪器，在有电流通过它时，石英丝（或称为弦线）便会摆动到一定的位置（在与磁力线垂直的方向上）。这种精巧的装置特别适合于测量极其微弱的电流，例如肌肉收缩时产生的电流。

这项发明诞生之后，爱因索文便决定用它来研究人类心脏的活动（在爱因索文之前，已有两个德国科学家发现了青蛙的心脏能产生电流的现象）。经过试验，爱因索文发现，通过把弦线电流计的电极，置于一个病人的手臂和肌腱上的方式能够探测到心脏向全身泵送血液时通过心肌的电脉冲。

后来，爱因索文又想出了一种记录下这种电脉冲的绝妙的方法：当弦线电流计的弦线偏移时，用一条长长的感光纸挡住一束光，并让其不断地移动，这束光能在纸上留下阴影，这样就能画出心电图来——伴随心脏肌肉活动的电活动的连续记录。